U0194802

万水·荟生活

四季钩针编织
从入门到精通

[韩]　金贞兰　著

王　晓　译

中国水利水电出版社
www.waterpub.com.cn

清凉一夏
温暖一冬

————

可爱的钩针用品，
让你享受四季人生。

————

提到编织，大部分人都会联想到秋冬时节以及棒针和羊毛材质的线，另外还有毛线编织成的柔软的羊毛衫和围巾。

但是，最近人们的类似想法已经有了很大改变。

因为对于那些热爱编织的人来说，在春夏时节借助钩针编织出可爱美丽的作品并以此来丰富闲暇时间，已经成了他们生活中不可或缺的一件事。

钩针编织就是如此有魅力，无论是谁，一旦接触钩针便立刻沉醉其中。

手持钩针和线材，熟悉几种基本技法后，无论看到何种图案都能立刻编织出作品，因此十分适合初学者来挑战。

另外，只要学会一种简单的针法，你就可以亲手编织出各式各样活灵活现的作品，并以此来装点日常生活。

夏季有棉纱和亚麻纱，冬季有毛线，充分利用不同时节的线材，即可在365天里享受钩针编织的作品。

本书介绍了从小饰品到冬季外套等多种作品，让初学者在零负担下挑战钩针编织并沉醉在它的魅力之中。另一方面，金贞兰手工编织设计研究所的所有学员均参与了书中作品的制作，因此本书按照不同难易度相应介绍了不同的作品，这也是本书的特点之一。同时，针对在实际编织过程中每人提出的一些关键性问题，也给予了老师的亲切讲解。如果你喜爱钩针编织小物，那么希望你能借此机会熟练掌握钩针编织的基本针法，用自己喜爱的色彩，尽情创作出属于自己的作品吧。

contents

清凉一夏　温暖一冬
Spring & Summer items

Autumn & Winter items

Basic Skills for Crochet

钩针编织基础

1. 正确地持针和挂线 72p
2. 针的种类及必需的工具 73p
3. 作品所需的毛线种类 74p
4. 比较基本针法完成针 76p
5. 钩针编织的两大类钩法 77p

基本针法 78p
基本编织方法：编织环形 83p
基本编制方法：连接织片的方法 84p

&
How to Knit >> 87~149p

12 31

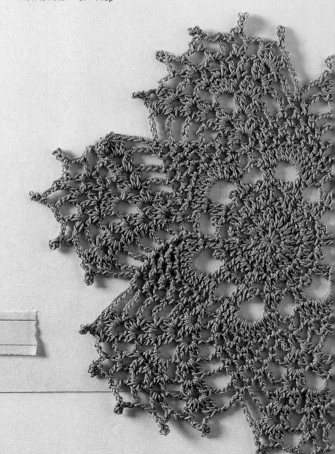

Spring & Summer Items

只要学会基本花样的编织，无论是桌布、
帽子和书包，还是凉爽的开衫，你都可以
轻轻松松编织出来。
用亚麻材质中的亚麻纱或清爽的棉纱可
以钩织出简单又大方的家居潮流用品。

环环相扣的圆球项链

| How to knit **88p.** |

A 色彩鲜艳的样式　对于初学者来说，在熟练掌握基本技法之后，最适合挑战的就是钩针编织成的小圆球。简约的服装搭配上多个色彩斑斓的小圆球串联而成的项链，多彩动人又充满活力，令人眼前一亮。而圆球大小不一也会给编织过程增添些许趣味。另外，还可以制作出与宝宝同款的亲子项链，戴在颈上去享受属于两个人的温馨时光。

B 柔和的女性样式　选择可爱柔和色调的线材会使作品更具女人味。为了进一步体现出优雅的气质，可以间隔串联珍珠与小圆球，这种项链运用于室内装潢也毫不逊色。

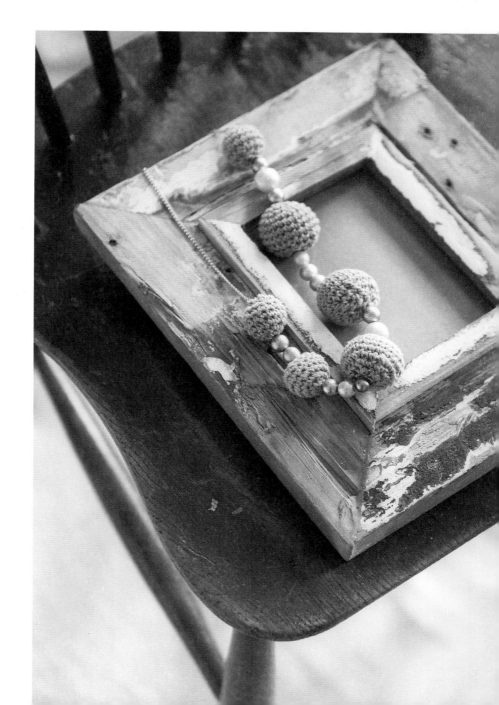

CROCHET BALL MAKING

只要熟悉了短针针法，每个初学者都可以轻松开始钩织圆球。当然，成品可以用于项链的吊缀，如若想要表现得更自然，可以用钩编的线材并用缝针将其串联起来。长长的一串可以作项链，如果是小珠子串成的短链，也可以当成手链。那么，就从这些可爱的饰品开始挑战吧。

VARIOUS DESIGN OF
MOTIF CROCHET DOILY

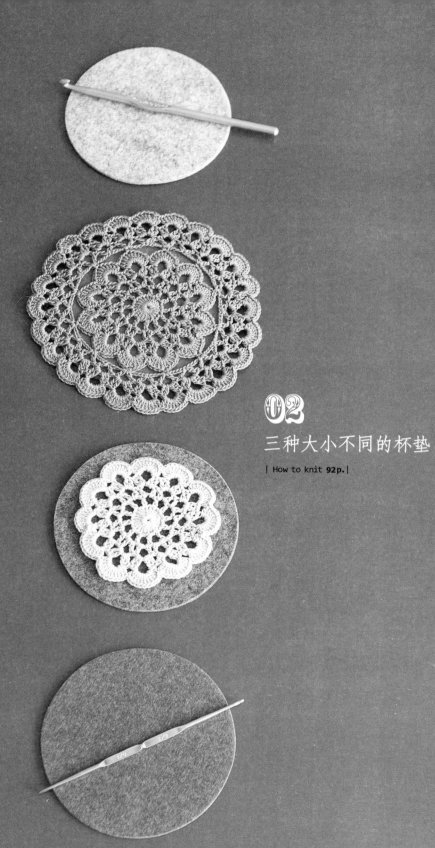

02

三种大小不同的杯垫

| How to knit **92p.** |

让桌面实现华丽变身的三套杯垫。这三套精灵般的小物件，大小、样式和颜色都不同，它们安静地待在茶杯和花瓶底下，熠熠发光。尺寸稍微大点的话，可以用作小玻璃瓶的瓶罩，那将会是另一种全新的感觉。

多用途花形杯垫

| How to knit **93p.** |

餐桌上开着一朵粉色的花,美丽迷人。无论是在下午茶时分的杯垫之下,抑或在角落里被遗弃的花瓶之中,它那端庄的姿态始终散发着光芒,默默守候着。

MOTIF PLAYING

钩针编织的魅力之一便是可以利用同一种花样随心所欲地变幻
出多种小物件和衣服。每当空闲的时候编织出好多小物件,闲
置在那里时,试想一下,如若将这些小东西串联在一起会变成怎
样有趣的物件呢? 对于初学者来说,开始是一圈一圈地编织环
形,之后便会想知道每个阶段中的要点。仔细阅读制作技法章
节的基本环形杯垫的编织方法,自己动手尝试完成,那么之后,
无论何种图案都可以零压力地挑战了哦。

04
时尚的金色珍珠线围巾

| How to knit **94p.** |

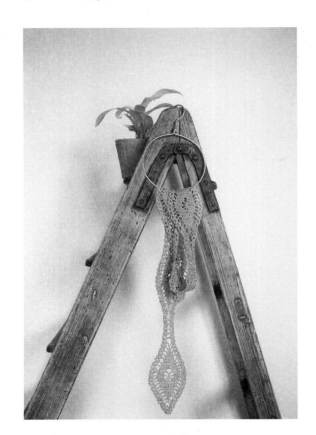

高雅的珍珠线材编织成的金色围巾，在阳光下闪闪发光，魅力迷人。钻石型花样连成的图案与春夏时令简单的上衣搭配在一起可彰显独特个性。

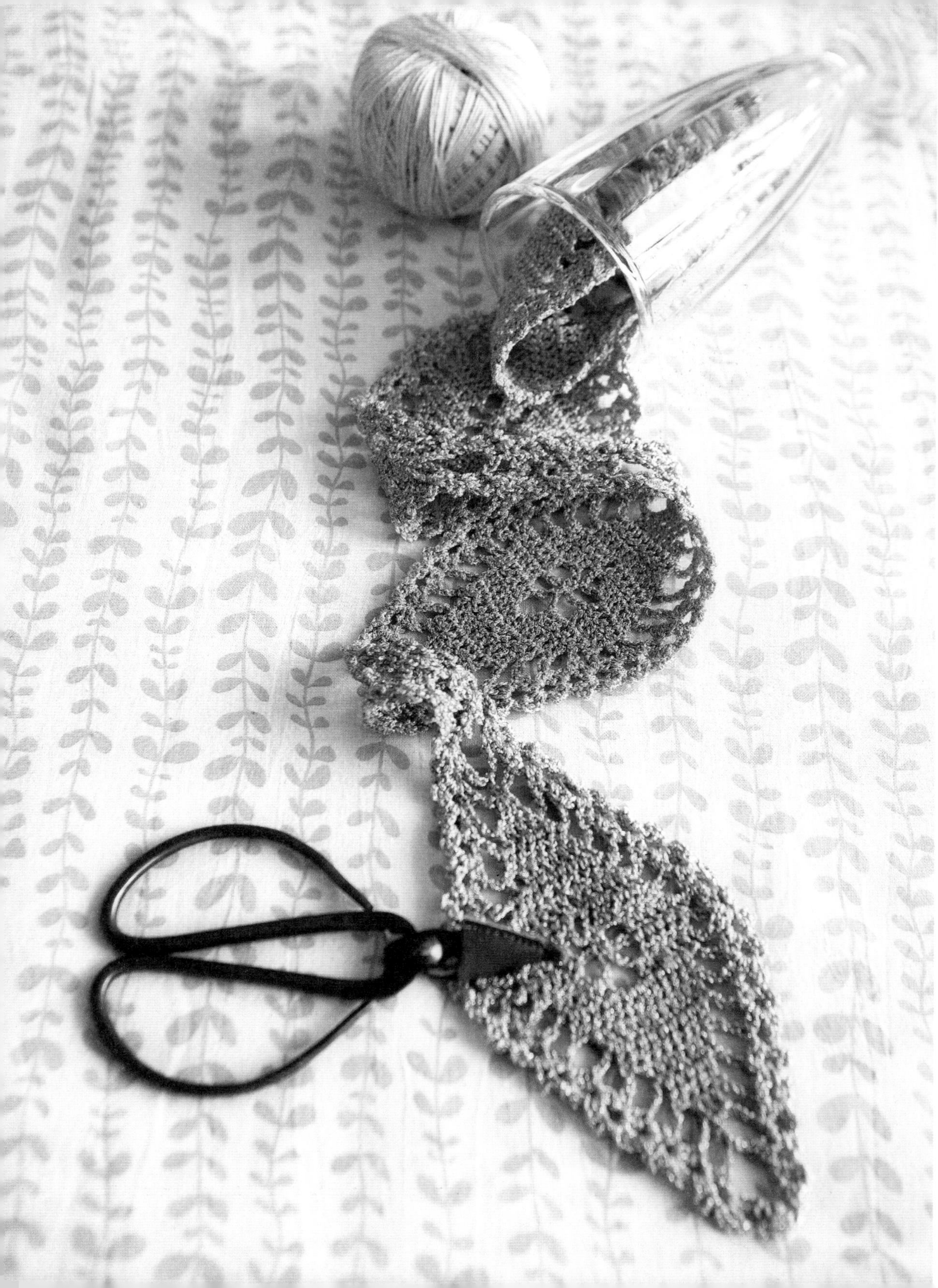

05

披肩式风情蓝围巾

| How to knit **95 p.** |

春季时节的换季必备单品。沉
稳的藏青色系列的蓝色，时而
给人以温暖，又时而给人以清
爽的感觉。

Q 在编织围巾的过程中，起针最
初的针目部分拉扯得特别紧，这种
情况有什么技巧吗？
崔正淑（kjhys4@naver.com）

A 在起针的时候，试着用粗针先织一段而
不是仅仅织第一针，之后再用原先的针编
织花样，那么这样钩出的纹理就会平整了。

06

轻柔蓝色纱棉蕾丝围巾

| How to knit **96p.** |

18

此款蓝色围巾外表清爽, 它是以透气性极好的纱棉材质为底, 仅在边缘处以钩针装饰, 是一件具有自然风格的改良品。如若想要给简约的春夏上衣增添一些小细节来展现不同的风格, 那么随性地围上这款清爽的蓝色围巾吧, 会令你个性十足呢。

Q 我试图将作为桌布使用的布料加入钩针装饰来编织成围巾。但是，在用钩针钩第一行的时候，发现似乎很难平均把握其中的间隔。利用布料改良物件的要点是什么呢？

尹熙淑（ahsancom@korea.com）

A 首先将布料进行锁边处理和熨烫，然后提前用水性签字笔勾勒出钩针要走的位置。另外，将钩针上锋利的部分用力插入布料。即便是偶尔因错误走针出现窟窿也不要担心，因为通过洗涤和熨烫即会变得干净平整。编织完成后轻轻地喷上一层水再熨烫，会为这件作品增色不少。

07

白色拼花桌垫

| How to knit 98p. |

似花，又似星星。这种花样拼接在一起制成的白色长桌
垫放在空空的餐桌上也好，架子上也好，无论放在哪里
都很合时宜。
对于梦想将居室装饰成北欧风格的人们来说，这个小物
件是最佳的装饰物。

Q 钩第 3、4 行时，需要的针数很多，但是针眼空间又不够，编织起来很费力。

李熙淑（eileen_lee@naver.com）

A 在编织第 3、4 行时一定要将钩针插入较大的孔，这样会更容易编织，模样也更好看。

08

方块四角花沙发坐垫

| How to knit **100p.** |

红蓝绿等多彩的毛线缠绕编织
而成的四角沙发坐垫与白色简约
家具搭配在一起呈现出一种梦
幻般的和谐之美。仅在沙发上放
置这么一块极具视觉冲击力的坐
垫，整个空间的氛围就会变得更
加有个性。

方块四角花方垫

| How to knit **101p.** |

Q 用多种色彩编织花样的时候不知道结尾时线头如何处理。干净利索地处理好线头的秘诀是什么呢？

车京南（Diane991130@yahoo.co.kr）

A 对于初学者来说，多色线的处理自然不是一件很容易的事情。只用一种线编织的时候很简单，因为只要处理好始末线部分的线头就可以了，而多色线编织程序复杂，自然要多费些功夫。可以试着这样处理：在将线缠成圆圈织第一段时，以线头作环编织，这样钩出的花样更平整干净。另外，在每个花样编织结束时，要将线头绕在缝针上平整地藏于织片的背面，这样最后的收尾会变得更简洁。

将多个四角花拼接在一起就是一张宽大的桌垫。即使仅仅随意地摊开放在沙发上或是铺在餐桌上，也别有一番洒脱不羁的韵味。

10.11

女性花饰小发带

| How to knit 102~105p. |

for Baby

如果要送给女生可爱的饰品做礼物，那么可以尝试制作这样一款适合在明媚的春夏时节佩戴的小发带。发带基础部分很容易编织，然后在上面挂上大大小小可爱的花饰，就完成了一件吸引人眼球的玲珑小物件。亦可以作为礼物送给成年女性，这时候可以将两旁处理成束带模样，会展现出别样的民族风味。

for Mam

12

民族风百变发圈

| How to knit **111p.** |

装饰长发的彩色发圈给人
以视觉上的美感。毛线和钩
针给常见的简易橡皮筋增
添了立体感的小细节，挂在
手腕上当手链也不错。

白色、粉色、天蓝色，用可爱的彩色系搭配儿童开襟衫。因为使用多种色彩的线，线头的处理比较复杂。这款设计不分前后片，在连接袖子的时候，用缝针采用与织片相匹配的彩线进行缝合。

浅色系儿童开襟衫

| How to knit **106p.** |

32

车王蛹 (yuranam@hanmail.net)

14

罩衫式夏季短款开衫

| How to knit **112p.** |

可以套在凉爽的无袖长裙外的轻柔夏季短款开衫。亮点是采用了沉肩袖形态的设计, 开襟处也处理成柔和的圆弧状。后颈处不要所有的针都挨着钩, 要向两侧牵拉着空出一定距离, 这样才能完美收尾。

安圣淑 (ahsancom@korea.com)

设计独特的方形背心胸围宽松，风格自然，很有韵味。梅雨季节或是早晚较凉的日子里，可以随性地披在身上。另外也适合与白色或黑色等简约服饰搭配在一起，营造个性。

15
风情方形背心

| How to knit 118p. |

LAYERED STYLE
OUTERWEAR
IN SPRING+SUMMER

16

复古夏季遮阳帽

| How to knit **120p.** |

烈日炎炎的夏季，为了防御紫外线，宽边的帽子是必需的。采用粗厚材质的线制作成柔软的个性遮阳帽，外出游玩时也好，假日里爬山、去海边也好，无论去哪里，这顶遮阳帽都个性十足，出尽风头。

17

复古夏季编织包

| How to knit **122p.** |

底部为宽大的椭圆形，可以收纳多种物件，这就是该款编织
包的基本样式。包带选用结实又高级的皮革制成，手提部
分设计得较长，因此也可置入书本和报纸等。

Q 试图将帽子和包包朝圆筒形旋转着编织，但是在尝试的过程中总是记不清到底钩到第几行。有没有正确计算行数的方法呢？

宋美玲（gaemee2@naver.com）

A 圆筒形的设计尤其要将始末处处理得自然不留痕迹，因此很容易混淆。在编织这种作品时，必备的小物件就是记号小别针。编织的过程中一定要在始末部分别上别针来做记号。

粉红色、黄色、橙色等复古色四角单元花拼接
而成的帽子。与简约的粉色连衣裙搭配在一
起彰显华丽与个性。

18.19

色彩鲜明的四角花帽子&包

| How to knit **124~129p.** |

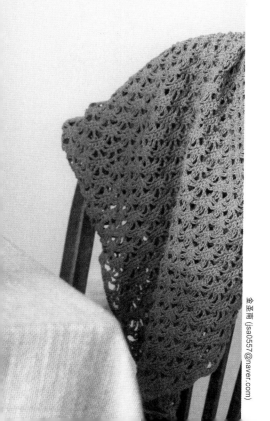

将四角花帽子上的单元花编织得更宽一些，呈钻石型模样，然后将其拼接，即完成了复古包的制作。以圆形为底，上面是松松的衣袋形态的设计，十分实用。

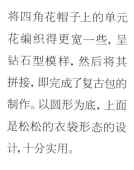

金圣南 (jsa0557@naver.com)

Q 想以原色线编织的四角花为基础，钩成可与简约的单色夏装相搭配的时尚作品。但是发现，织成的单元花偶尔会有左右不对称的情况，这时候应该如何处理呢？

宋英爱（jsa0557@naver.com）

A 四角形图案花样一眼就能看出增针的地方，如果在其他的地方增针或漏针的话，四角花就不好看了。因此，增针的四个地方可用记号别针标记出来，正确地增针是很重要的。另外，在连接四角花样之前一定要熨烫，因为在熨烫过程中要平整四角花的形态。

其他图案的花样同样也需要对称。在钩圆形图案花样时，因为各个圆形都要保持一致，因此每钩一段一定要检查增减针是否准确。在连接花瓣图案的花样时，一定要检查是否恰当地计算了单元花的个数。

20
棕色花iPad袋

| How to knit **130p.** |

金圣安(jsa0557@naver.com)

连接花朵图案的花样而成的四季iPad袋。花样间缝隙处闪烁的粉色内衬更增添了一抹华丽可爱的色彩。可以亲手编织送给友人，是一款既漂亮又实用的小物件。

47

粉色花多用途编织垫

| How to knit **131p.** |

艳丽的桃红色线材钩成的花朵图案连接而成的迷你编织垫，放置在键盘底下或是罩在键盘上都很合适。另外，还可以与架子上的物品搭配在一起作为家居装饰用品。

22
熊猫铅笔帽
| How to knit **132p.** |

可爱的熊猫脑袋模样的铅笔帽, 是让不爱学习的孩子对铅笔爱不释手的小物件! 可以套在那些大小不一而又黯然无色的铅笔杆上装饰用, 还可以作为钥匙链或手机链。

Autumn & Winter Items

凉爽的秋风徐徐吹来，这个时节要开始制作以羊毛材质为主的温暖柔软的钩针编织物了。基本的围巾和披肩式当然不能少，还有给宠物狗的时尚单品以及高档的膝盖毯。本章主要为刚入门的初学者介绍编织物件。

蓝色小狗背心_M

| How to knit **134p.** |

使用两种格调的蓝色线钩成的可爱小狗背心。

材质厚实，在寒冷的天气里外出，小狗也不会感到寒冷。

24

红白相间小狗背心-L

| How to knit **136p.** |

该款小狗背心有着宽松的胸围设计,活动起来没有丝毫不便。腹部为白线,背部为红线,红白环绕,强调休闲和活泼的气息。背部的红线之间穿插有白色条纹,更显高贵质感。

Q 因为刚开始学钩针编织，觉得看符号和换线很困难。

木正润（jymok@dreamwiz.com）

A 对于初学者来说，这的确有些困难。但是只要按照符号进行钩针编织，没有人会失败，都可以很好地完成，这就是符号的好处。另外，左右对称尤其重要。一定要记住两点：开始新的一行时的 1 锁针和短针要与最后的短针保持一致，立的 3 针锁针要与最后的长针保持一致。另外，换线的时候，引拔最后一针时要将另一种线缠绕上再拔针，这样完成的作品才能平整不留痕迹。

25

四角花马海毛套衫

| How to knit **138p.** |

轻柔的蓝色格调的马海毛线
编织而成的套衫,蓬蓬松松;
很适合套在衬衣外面。领口
部分处理成四方形,是套衫
的一大亮点。与长款短袖衫
或 T 恤穿在一起,可展现女
性的独特魅力。

Q 在连接单元花的过程中，发现经常有按照正反面连接或更换正反面的情况。

金美京（wonju6@hanmail.com）

A 这是连接单元花时经常出错的地方。尤其是马海毛，因为这种材质容易起毛。连接过程中，引拔时一定要确保钩针从下一片花样的后面插入到前面，然后再进行连接。

26

自然随性三角披肩

| How to knit **140 p.** |

宽松的三角形状的披肩轻柔地搭在肩上，十分有情调，像围巾一样轻轻地缠绕于颈上也十分飘逸潇洒。用柔软的线材编织而成保暖性极好，也可以当作膝盖毯。

可与无檐小便帽配成一套送人的
温暖条纹围巾，编织方法同小便
帽类似，但是灰色的条纹要更宽
一些，更强调柔和的色调。

27
黑灰相间条纹围巾
| How to knit **141p.** |

28
黑灰相间条纹无檐小便帽

| How to knit **142p.** |

使用较粗的钩针，一天内就可以完成的简约男式无檐小
便帽。只要熟悉长针的正拉针与长针的反拉针技法，就
可以完成这件和棒针编织细节稍微不同又别出心裁的
小物件。

棋盘状驼色膝盖毯

| How to knit **143p.** |

厚厚的驼色毛线钩成的膝盖毯。虽然只使用了一种颜色，但是横竖相间的小设计一点也不单调乏味。可以随性地搭在沙发上作装饰，也可以在驾驶时盖在膝盖上作膝盖毯，有很高的实用性。

Q 宽大的正方形毯子上的花样是反复编织而成的棋盘样式,但是钩着钩着发现不知不觉花样都乱了,散开了好几次。郭海英(hypink@hanmail.com)

A 花样编织的时候,如果不能把握好花样的大小,很容易出现如上所述的失误。每个花样都要准确地编织成8针×6行的正方形,这样进行下去才不会失败。

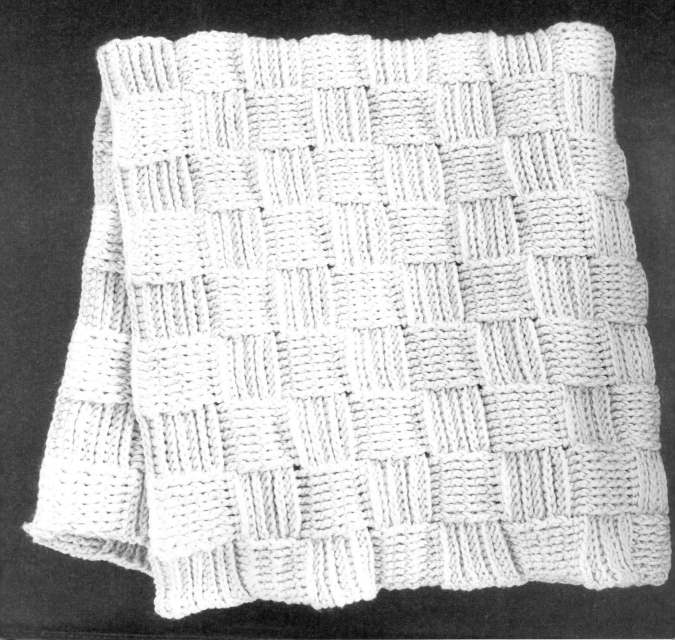

酒红色女式开襟短上衣

| How to knit **144p.** |

以高贵的酒红色线材钩成的厚实女士开襟短上衣，前片部分的结构加入了一些变化，这种与众不同的独特设计让人眼前一亮。内搭一件简约的贴身衣，再加一顶粗布帽子，就完成了简易搭配。

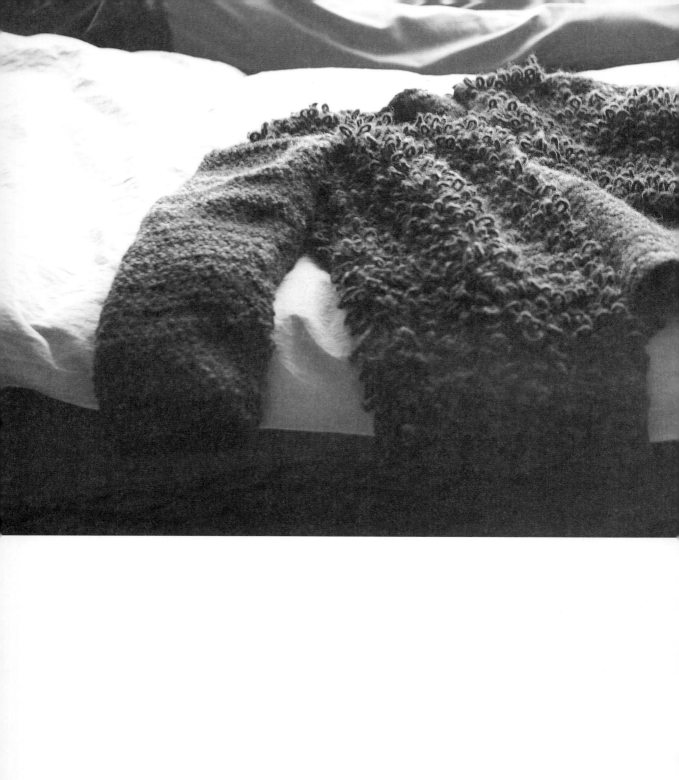

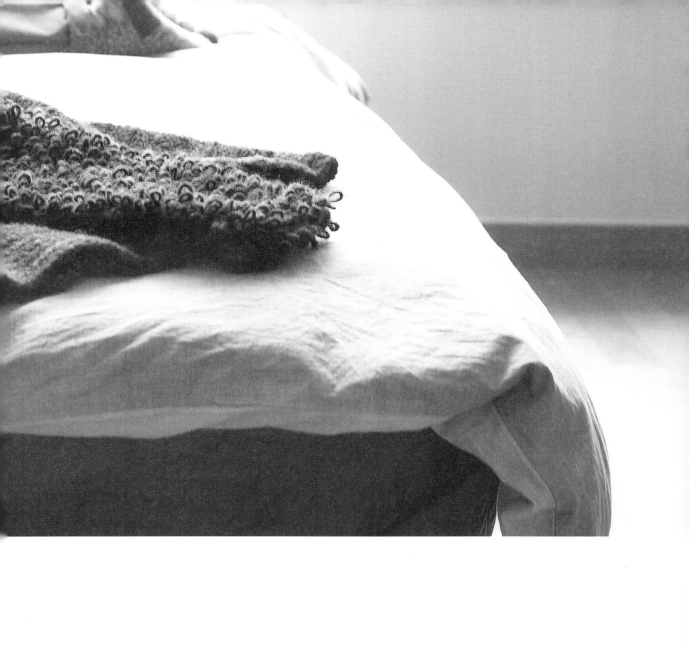

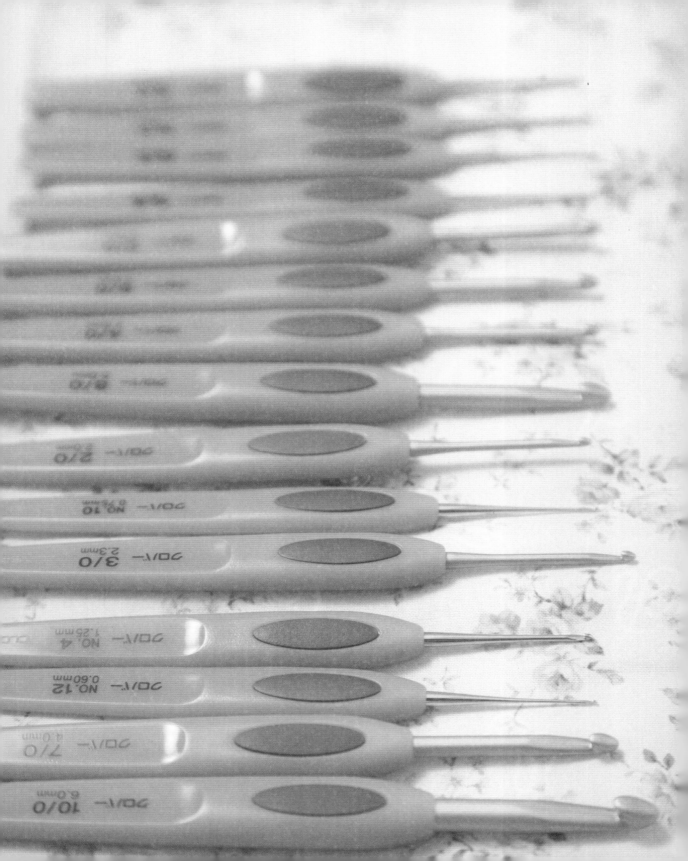

Basic Skills for Crochet

钩针编织基础

从项链到衣物，本部分收集了挑战书中所列钩针编织
作品前需要掌握的基础知识。钩针和线材的正确持法，
所需的工具，不同季节适用的线材种类以及基本编织
的手法。从挑战入门篇开始，踏上自己的编织之旅吧。

basic skills | 钩针编织基础

1. 正确地持针和挂线

如果你刚刚开始学习钩针编织，那么就从熟悉基本手法开始吧！钩针编织是利用一根针和线进行的作业，因此要着重注意持针和挂线的正确姿势。

❀ **挂线的方法（以左手为准）**

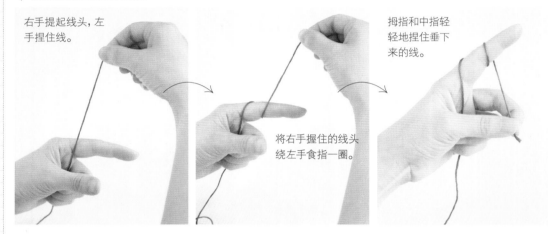

右手提起线头，左手捏住线。

将右手握住的线头绕左手食指一圈。

拇指和中指轻轻地捏住垂下来的线。

❀ **持针的方法（以右手为准）**

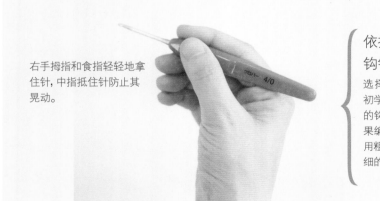

右手拇指和食指轻轻地拿住针，中指抵住针防止其晃动。

依据不同线材选择不同钩针的方法

选择钩针没有既定的规则。对于初学者来说，最好是依照书中采用的钩针和线材进行编织。另外，如果编织物层次比较紧密，那么就使用粗针，编织物层次松散则选用较细的针，编织时可以此作为参照。

2. 针的种类及必需的工具

根据线材粗细、种类的不同, 需要配合多种多样的钩针, 另外还有编织钩针作品所必需的工具。先来了解一下吧。

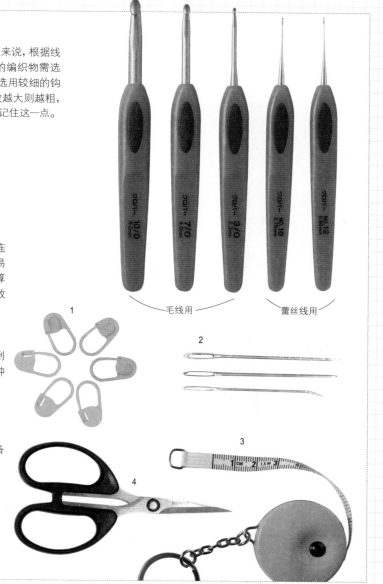

✧ 钩针的种类

钩针分为毛线针和蕾丝线针两种。一般来说, 根据线材的粗细选择相应的钩针, 但是紧密的编织物需选用较粗的钩针; 相反, 松散的编织物则选用较细的钩针, 这是选择的要点。毛线用钩针, 号数越大则越粗, 而蕾丝用钩针号数越大则越细, 一定要记住这一点。

✧ 其他工具

1. 针数记号环

钩针图案有很多情况是以相同的手法连接成立体花样, 因此编织过程中很容易混淆所编织的行数。为了避免重新计算的不必要麻烦, 需要这种做标记的针数记号环。

2. 缝针

最后一针收尾时或是连接缝合时使用到的大粗眼针, 根据粗细不同, 种类也多种多样。其中, 顶端向一侧歪斜模样的针, 在连接侧线时使用十分便利。

3. 卷尺

在测量编织物织片或整体尺寸时的必备工具。

4. 剪刀

剪线或收尾时使用。

毛线用　　蕾丝线用

3. 作品所需的毛线种类

将作品中使用到的线材按标准整理成目录，看着目录，在一定程度上可以理解哪种线材适用于哪个季节。根据线材不同的特性和质感，猜测一下各种线材适用于哪种作品，然后按照其用途正确使用吧。

❦ 冬季适用的代表性线材 ❦

· Mohair kid seta（马海毛）

25g 一团，210m，成分为 70% 超级马海羊羔毛（super kid mohair），30% 生丝（seta）。柔软蓬松的渐变色马海毛触感丰满，具有不易掉毛的优点。可同普通原色毛线夹在一起使用，使作品更显高雅。

· super soft（超柔短线）

50g 一团，125mm。100% 美利奴羊毛，制作出的作品轻柔舒适，尽显高贵。以此种线材编织时，最好使用 5/0-7/0 号钩针或是 4~4.5mm 规格的棒针。

· California

50g 一团，90m，材质轻柔，适用于 5.5~6mm 的棒针或 7/0~8/0 号的钩针。可用于编织围巾、帽子等各种保暖物品，也可以编织羊毛衫、毛衣和大衣等多种物品。线材奇妙的渐变色使作品更具优雅之美。

· Hawaii

50g 一团，175mm，100% 由柔软的涤纶长丝构成，该线编织成的物品保暖性极佳。适用于 3/0~5/0 号钩针，可用于制作多种衣物作品。

✂ 夏季适用的代表性线材 ✂

· Cotton silk（真丝棉）
25g 一团，80mm，成分为 15% 人造丝，38% 棉，11% 天然丝。真丝光泽，非常柔软。适用于 4/0~5/0 号钩针。

· 亚麻纱
成分为 82% 亚麻和 18% 棉，是适用于 3/0 号钩针的钩编线。亚麻纤维细腻柔软，极具韧性，另外具有吸湿、透气的优点，多用于编织各种衣物作品。

· Rame（金银线）
25g 一团，175m，65% 黏胶纤维，35% 聚酯纤维，手感超轻，具金属光泽，给人以优雅高贵之感。可使用 2/0~3/0 号钩针编织多种作品。

· 金丝亚麻
25g 一团，100mm，成分为 82% 亚麻和 18% 棉，适用于 3/0 号钩针，材质和特性同亚麻相似，隐约具金属光泽。同样适用于编织衣物等多种作品。

· Wash cotton crochet（水洗钩编棉线）
20g 一团，104mm，成分为 64% 棉和 36% 聚酯纤维，适用于 3/0 号钩针。易手洗，可编织装饰品和衣物等多种钩针作品。

· Essentials cotton
50g 一团，130mm，100% 棉，使用 3~4mm 规格的棒针和 3/0~4/0 号钩针，可编织多样作品。

4. 比较基本针法完成针

通过图片来确认一下最常用的短针、中长针和长针的完成状态。比较以下三种针法，可以清晰地了解编织物的高度，以及利用不同代表性针法所钩出的不同花样之间的差异。织片的高度会因第一段高度的不同而不同，可以此来核查编织物的高度。

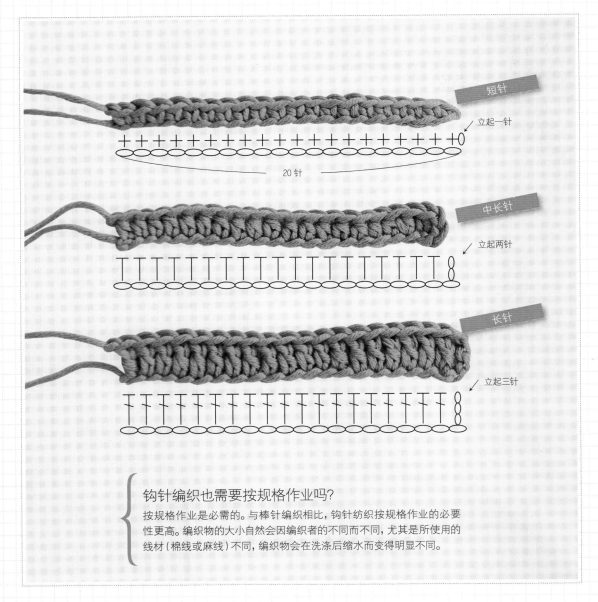

钩针编织也需要按规格作业吗?

按规格作业是必需的。与棒针编织相比，钩针纺织按规格作业的必要性更高。编织物的大小自然会因编织者的不同而不同，尤其是所使用的线材(棉线或麻线)不同，编织物会在洗涤后缩水而变得明显不同。

5. 钩针编织的两大类钩法

一种方法是每钩一段后翻面来回往返钩，一种方法是同一面上以环形开始钩成既定大小的
多个面，熟悉这两种方法就可以了。

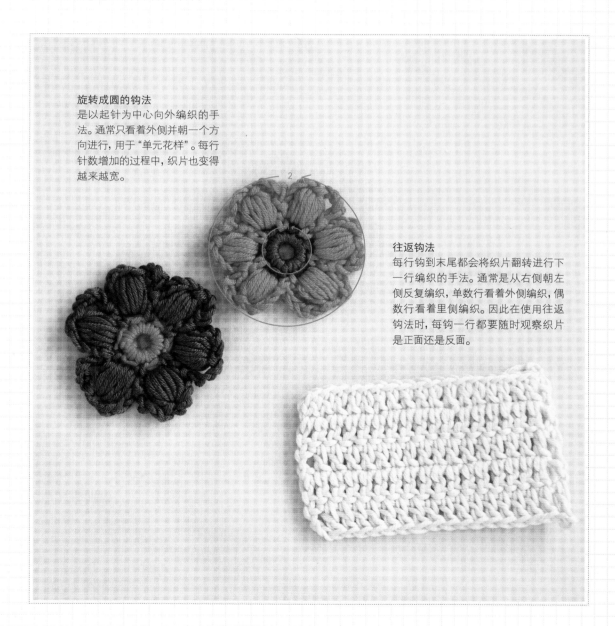

旋转成圆的钩法
是以起针为中心向外编织的手
法。通常只看着外侧并朝一个方
向进行，用于"单元花样"。每行
针数增加的过程中，织片也变得
越来越宽。

往返钩法
每行钩到末尾都会将织片翻转进行下
一行编织的手法。通常是从右侧朝左
侧反复编织，单数行看着外侧编织，偶
数行看着里侧编织。因此在使用往返
钩法时，每钩一行都要随时观察织片
是正面还是反面。

basic skills 基本针法

○ 锁针

1 线绕在针上,按箭头所示方向转动针头,将线从线圈中引拔出,完成1针锁针。

2 重复同样的过程。

3 4针锁针完成的状态。重复直至所需的针数。

✕ 短针

立针

1 立起1针锁针,按箭头所示将针插入后,挂住线朝针所进入的方向引拔出。

2 再钩住线按箭头方向从2个线圈中引拔出。

3 重复短针图样。

T 中长针

1 立起2针锁针,按箭头所示将针插入后,挂住线朝针所进入的方向引拔出。

2 再钩住线按箭头方向从3个线圈中引拔出。

3 重复中长针图样。

T 长针

1 针上挂线,按箭头所示,将针插入第4针锁针前面的线圈中。

2 再钩住线,按箭头1所示,从2个线圈中间将针引拔出。

3 再钩住线,按箭头2所示,从2个线圈中间将针引拔出。

4 重复长针图样。

长长针

1 线在钩针上绕
两圈，挑起第5
针前面的线圈，
把针按照箭头
所示插入其中。

2 钩住线，按箭
头所示方向，
将针从2个线
圈中引拔拉出。

3 再钩住线，从
2个线圈中引
拔拉出。

4 再一次钩住线，
将针从剩下的
2个线圈中引
拔拉出。

5 重复长针图样。

反短针
（扭转短针）

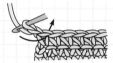   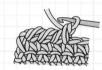

1 钩完一行后，锁一
针，从内侧挑起第一
行边沿处两个线圈，
按箭头所示，将针插
入其中。

2 钩住线，按箭头方
向，将线钩出。

3 再钩住线，按箭头
所示，将针从2个
线圈中引拔拉出。

4 将针插入右侧针边
沿处的两个线圈中，
重复步骤1~3，即重
复反短针钩法。

79

引拔针

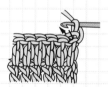 

1 完成最后一针后翻面，挑
起前面一个线圈，按照箭
头所示，将针插入其中。

2 钩住线，如箭头所示，将
针引拔拉出。

3 重复步骤1、2，连续钩织
即可。

短针的反拉针

1 如箭头所示，将针插入上
一行针目的尾针处。钩住
线，稍长一些从对面钩出。

2 再钩住线，按照箭头指示，
将针从2个线圈中一次引
拔拉出。

3 完成一针短针的反拉针。

长针的反拉针

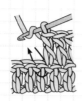  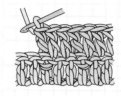

1 钩住线，按箭头所示，将针插入上一行针目的尾针中。此时钩住线引拔拉出。

2 钩住线，按箭头1所示，从两个线圈中拉出。再钩住线，按箭头2所示，从剩下的2个线圈中一次拉出。

3 重复长针的反拉针图样。

 长正针的正拉针

1 钩住线，按箭头所示，将针插入上一行针目的尾针中。

2 钩住线将针引拔拉出。

3 钩住线，按箭头1所示，从两个线圈中拉出。再钩住线，按箭头2所示，从剩下的2个线圈中拉出。

3 重复长针的正拉针图样。

 长针1针右上交叉

1 钩出长针。

2 钩住线，按箭头所示方向，将针插入。

3 钩住线，拉出2针。

4 再钩住线，再拉出2针。

5 重复右上交叉图样。

 长针1针左上交叉

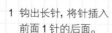

1 钩出长针，将针插入前面1针的后面。

2 钩住线，按箭头方向所示，引拔拉出2针。

3 再钩住线，按箭头方向拉出2针。

4 重复左上交叉图样。

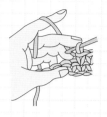 短环针 (萝卜丝短针)

1 中指钩住线。(反面)

2 确定线圈的长度,用中指和拇
　指压住,钩出短针。此时观察
　与箭头之间的空隙。(反面)

3 反面形成 1 针环针。

81

长针 3 针的枣形针

1 钩住线,引拔拉出 2 针。

2 在同一位置重复 3 次,最后
　将所有的针一次引拔拉出。

3 重复大针 3 针的枣形针图样。

长针 5 针的爆米花针

1 钩住线,按箭头所
　示,插入针钩长针。

2 在同一针目上钩 5 针
　长针后拉出针,从第
　1 个线圈和最后 1 个
　线圈中插入针。

3 将夹在线圈中的针
　按箭头所示引拔
　拉出。

4 在该状态下锁 1 针,
　引拔拉紧。

5 重复长针 5 针的爆
　米花针图样。

 短针 1 针放 2 针

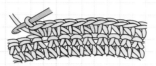

1 在同一位置钩织 2 针短针。

2 完成图样。

 短针 2 针并 1 针

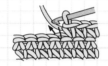

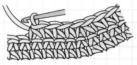

1 按箭头所示插入针。

2 拉出 1 针,按箭头所示,将针插入前面一针的线圈中引拔拉出。

3 挂住线,一次性拉出 3 针。

4 重复短针 2 针并一针图样。

82

 短针的菱形针

1 将织片翻面。

2 将针插入上一行针目外侧的半针中。

3 挂住线,按箭头所示拉出针。

4 以此方法将一行钩完,再把织片翻到另一面。

5 钩短针的菱形针。

6 重复短针的菱形针图样。

 短针的条纹针

1 将针插入第一行短针的针目中引拔拉出。

2 锁 1 针,将针插入针目外侧的半针中拉出线。

3 钩住线,从两个线圈中一次拉出。

4 重复短针的条纹针的图样。

basic skills

基本编织方法：编织环形

编织环形 **❶** 锁针起针做环编织法

1 锁 6 针后将针插入第一针锁针。

2 钩住线拉出。

3 钩住线钩 1 针立起的锁针。

4 将针插入形成的大圆中，钩短针。

5 钩织完全部 12 针短针，在钩织终点将最初的短针上面的 2 根线挑起，引拔拉出。

6 拉出针后完成图样。

编织环形 **❷** 以线绕环编织法

1 将线在食指上绕两圈。

2 拿出食指，将针插入线圈中挂线拉出。

3 锁 1 针。

4 将针插入圆环中。

5 钩短针。

6 按箭头所示，将线拉紧。

7 将针插入第一短针中。

8 钩住线拉出。

9 完成图样。

83

线的连接

左侧的线放在上面，使两线交叉。

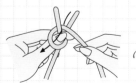
将右侧线的下端同图片一样按顺时针旋转。

将右侧线的上端插入环中引拔拉出。

拉紧各线端完成线的连接。

* 该图形符号中为 11 针短针。

basic skills

钩针侧边连接❶

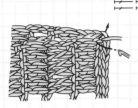

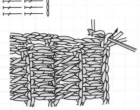

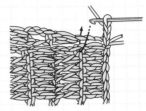

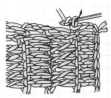

1 将织片的表面相对，
　钩针插入第一针。

2 钩住线引拔拉出。

3 锁3针后再插入针。

4 拔针。

钩针侧边连接❷

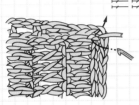

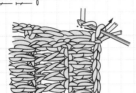

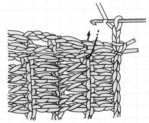

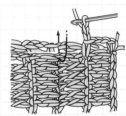

1 将织片的表面相对，
　钩针插入第1针。

2 钩住线引拔拉出。

3 在原处钩一短针锁2
　针后再插入针。

4 钩短针。

84

缝针侧边连接

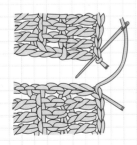

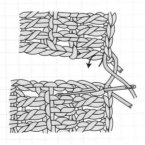

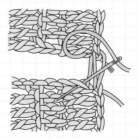

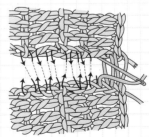

1 将两块织片的表面
　拼接。

2 将针插入边缘处的针
　目内。

3 反面同样将针从后向
　前插入。

4 每针都交替正反
　面插针。

卷缝拼接

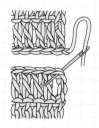 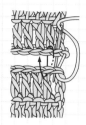 

1 将织片表面朝上相对。

2 在两块织片末端的锁针模样的针中1针1针地缝合。

3 完成的图样。

单元花连接❶

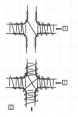  

1 将单元花表面朝上并排，将针插入第1针锁针外侧的半针进行缝合。

2 持续连接缝合。

3 确保4片单元花的相交部分成X状。

单元花连接❷

  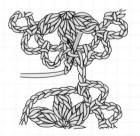 

1 完成1片单元花后，在第2片末段锁3针。

2 在第1片单元花末段插针引拔。

3 完成的图样。

85

扣襻

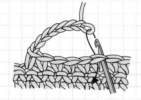

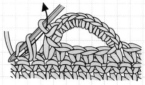

1 锁7针后将针按箭头所示方向插入引拔。

2 在大的环上钩短针。

3 按箭头所示方向拔针。

4 完成的图样。

扣眼

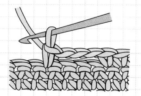

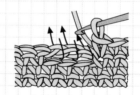

1 钩短针后锁3针。

2 将针插入第4针后钩短针。

3 将针插入返回来的锁针线圈内,钩3针短针。

4 完成的图样。

86

作品完成后如何修整?

将线头处理干净后,根据不同作品选择洗涤或熨烫来收尾。衣服和围巾等手洗后可能会有轻微缩水,应将其展开放在通风的平坦处晾干。若放在衣架上晾干会导致衣物拉长,这是绝对禁止的。另外,毯子和垫子等物品洗涤后有轻微变形时要将背面熨烫平整。在市场购买喷雾剂喷洒后熨烫可使物品更加美观。

How to Knit

成品尺寸：55~58cm（项链长度）
规格：圆球（大）直径 4cm，圆球（小）直径 2.5cm
材料：
A 色彩鲜艳的样式 -Essentials cotton 红色（02）• 白色（80）• 天蓝色（95）• 绿色（96）• 粉红色（14）• 紫色（18）少量 + 棉花，项链环 1 对，透明线（钓鱼线）

环环相扣的圆球项链

[*how to knit*]

1 用 4/0 号钩针和红色线钩出环形后锁 1 针，钩 6 针短针。（1 行）

2 每行增 6 针，钩至 6 行。此为大圆球的标准，小圆球则钩至 4 行。此后无增减针，8~12 行为止每段减 6 针，之后引拔结束。

3 采用①，②的方法，按照线的颜色和圆球的大小钩出多个织片。

4 填充棉花，用缝针缝合成圆球模样。

5 用透明线随意串联起大小颜色不一的小圆球。B 类在每两个圆球之间穿插 2~3 个珍珠串来装饰。

6 在透明线两端加上项链环作装饰。

88

[基本针法] 编织环形

将线在食指上绕两圈。

拿出食指，将针插入线圈中拉出线。

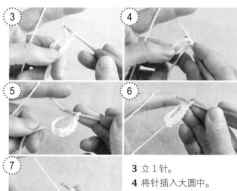

3 立 1 针。

4 将针插入大圆中。

5 钩 6 针短针。

6 拉线。

7 拉紧后的图样。

(A)

8cm

12cm

2.5cm

4cm

38cm

(B)

12cm

15cm

珍珠串

30cm

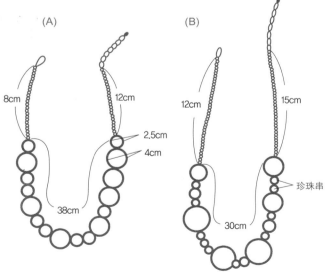

B 柔和的女性样式 - 亚麻纱金银线淡紫色(603)·芥末黄(605)·天蓝色(606)
连接用珍珠串 15~20 颗, 棉花, 装饰项链环 1 对, 透明线(钓鱼线)
工具: 4/0 号钩针, 缝针

圆球(大)

⑫

⑩

⑤

十①

圆

4cm

圆球(小)

⑧

⑤

十①

圆

2.5cm

[基本针法] **短针 1 针放 2 针**

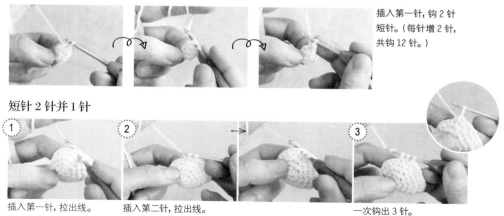

插入第一针, 钩 2 针
短针。(每针增 2 针,
共钩 12 针。)

短针 2 针并 1 针

① 插入第一针, 拉出线。

② 插入第二针, 拉出线。

③ 一次钩出 3 针。

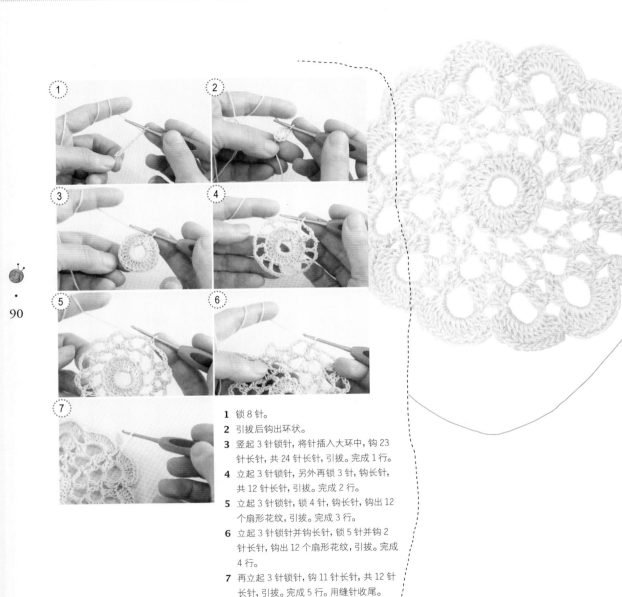

1 锁 8 针。

2 引拔后钩出环状。

3 竖起 3 针锁针, 将针插入大环中, 钩 23 针长针, 共 24 针长针, 引拔。完成 1 行。

4 立起 3 针锁针, 另外再锁 3 针, 钩长针, 共 12 针长针, 引拔。完成 2 行。

5 立起 3 针锁针, 锁 4 针, 钩长针, 钩出 12 个扇形花纹, 引拔。完成 3 行。

6 立起 3 针锁针并钩长针, 锁 5 针并钩 2 针长针, 钩出 12 个扇形花纹, 引拔。完成 4 行。

7 再立起 3 针锁针, 钩 11 针长针, 共 12 针长针, 引拔。完成 5 行。用缝针收尾。

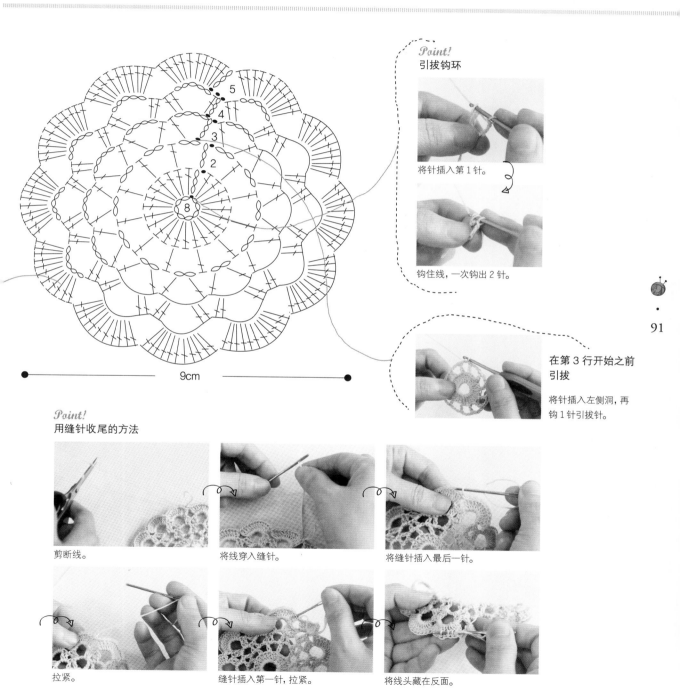

Point!
引拔钩环

将针插入第1针。

钩住线，一次钩出2针。

在第3行开始之前
引拔

将针插入左侧洞，再
钩1针引拔针。

9cm

Point!
用缝针收尾的方法

剪断线。

将线穿入缝针。

将缝针插入最后一针。

拉紧。

缝针插入第一针，拉紧。

将线头藏在反面。

成品尺寸: 小 - 淡紫色 直径 9cm
中 - 紫色 直径 15cm
大 - 白色 直径 24cm
材料: Wash cotton crochet 淡紫色 (123) 1 团,
紫色 (111) 1 团, 白色 (110) 2 团
工具: 3/0 号钩针

三种大小不同的杯垫

[*how to knit*]

1 用 3/0 号钩针和淡紫色线锁 8 针。

2 参照前页单元花编织方法, 花样编织钩 5 行成环形, 完成小尺寸单元花。

3 ②的 5 段后, 钩锁针直至 9 行, 完成中尺寸单元花。

4 从 10 段开始钩锁针, 共钩 15 行, 完成大尺寸单元花。

花样 (中尺寸)

15cm

花样 (大尺寸)

92

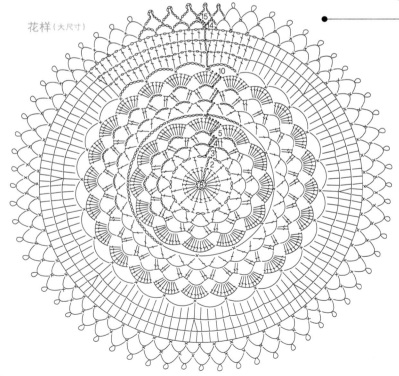

24cm

成品尺寸: 直径19cm
材料: Wash cotton crochet 淡紫色 (123) 1 团,
灰色 (112) 1 团
工具: 3/0 号钩针

多用途花形杯垫

[*how to knit*]

1 用 3/0 号钩针和灰色线 (或粉红色线) 以线绕环。

2 钩 1 针锁针, 参照下面的图案, 重复钩短针和锁 3 针,
完成 1 行。

3 共钩 11 行, 完成花样。

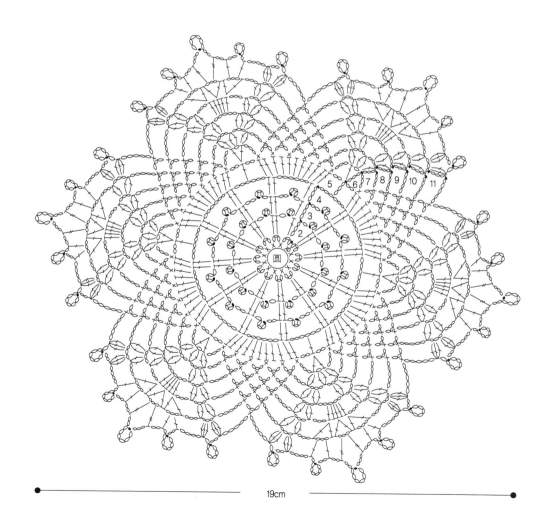

19cm

成品尺寸: 宽 10cmX 长 132cm
规格: 1 花样 10cmX22cm (22 行)
材料: 金银线 (421) 1 团
工具: 4/0 号钩针

时尚的金色珍珠线围巾

[*how to knit*]

1 用 4/0 号钩针和金银线锁 4 针。

2 参照下面的图案编织, 每片 24 行, 重复钩出
6 片。

花样编织 (1 个花样)

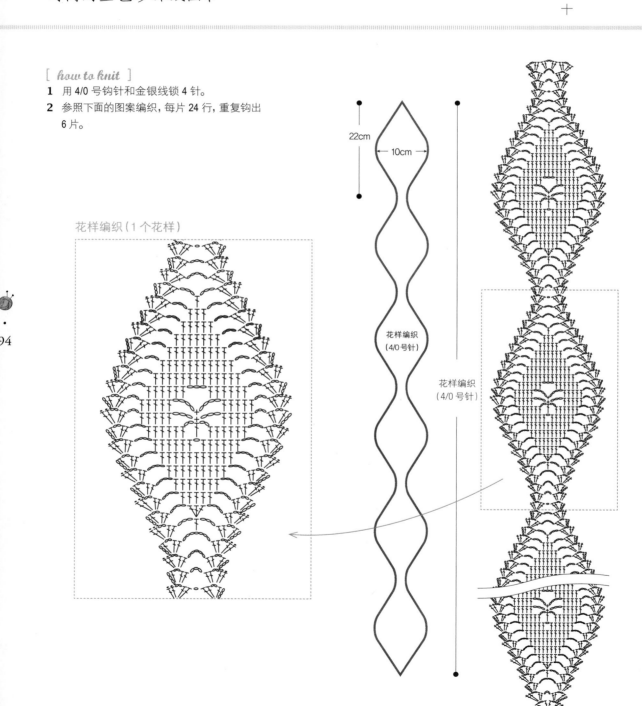

22cm

10cm

花样编织
(4/0号针)

花样编织
(4/0 号针)

94

披肩式风情蓝围巾

成品尺寸：宽 25.5cmX 长 150cm
规格：1 花样 8.5cm（22 针）X 10cm（10 行）
材料：Wash cotton crochet 蓝色（110）5 团
工具：4/0 号钩针

[*how to knit*]

1 用 4/0 号钩针和蓝色线锁 67 针。

2 参照花样编织图案，重复钩 10 行成 1 个花样，共钩 15 个。

花样编织

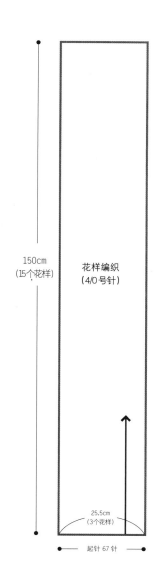

150cm
(15个花样)

花样编织
(4/0号针)

25.5cm
(3个花样)

起针 67 针

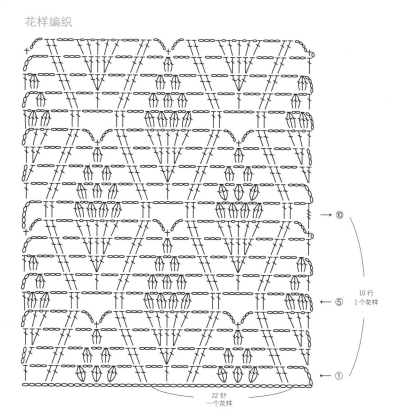

⑩

⑤   10 行
1 个花样

①

22 针
一个花样

95

成品尺寸:38cmX180cm(单元花放入的整体长度)
材料:奥林巴斯蕾丝线线天蓝色(364)1团,天蓝
色棉纱布 37cmX142cm
工具:4 号蕾丝线钩针, 缝针

轻柔蓝色纱棉蕾丝围巾

[*how to knit*]

1 准备好一定大小的棉纱布。为防止线条松散,将其四条边进行锁边处理后,向内折 0.5cm 并熨烫。

2 将 4 号蕾丝针插入熨烫完的①上短边的 0.5cm 棱角处,完成 1 针。钩 120 针短针。

3 参考图案,钩出 5 个花样,28 行。反面也以同样方法编织。

4 整个轮廓四边呈扇形。此时用缝针将织片的始末部分缝合在纱布上,留针间距 1.5cm。

96

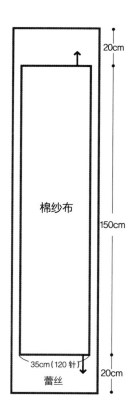

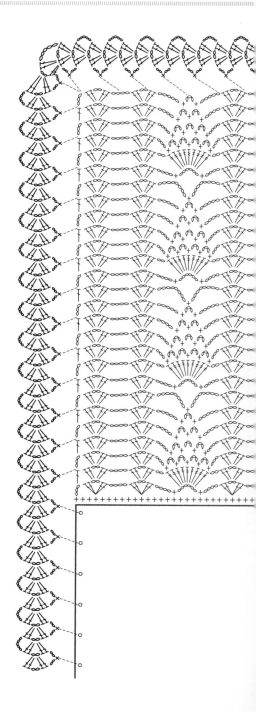

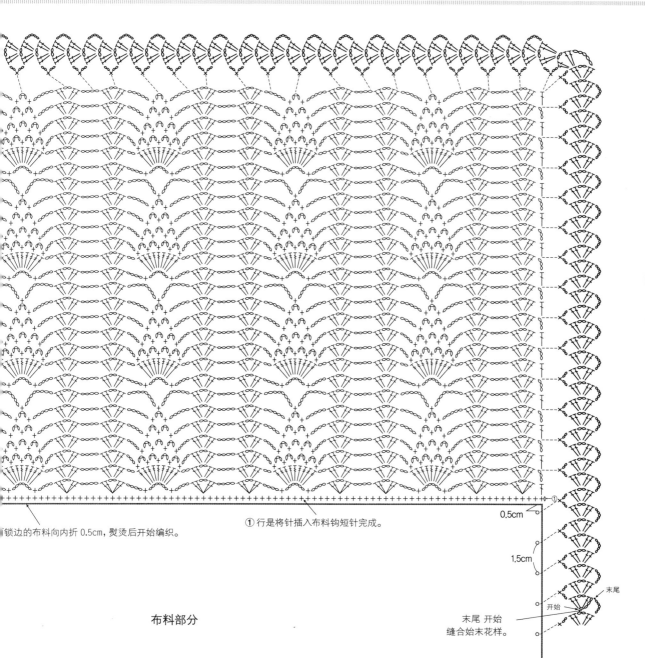

锁边的布料向内折 0.5cm，熨烫后开始编织。

① 行是将针插入布料钩短针完成。

0.5cm

1.5cm

末尾

末尾 开始
缝合始末花样。

开始

布料部分

成品尺寸: 长 84cmX 宽 20cm
规格: 7cmX7cm (1 张单元花, 共需 34 块)
材料: Wash cotton crochet 白色 (101) 4 团
工具: 3/0 号钩针

白色拼花桌垫

[*how to knit*]

1　用 3/0 号钩针和白线钩环形。

2　第 1 行, 锁 1 针, 钩 11 针短针, 引拔。

3　第 2 行, 锁 1 针后钩短针, 锁 3 针, 重复 6 次, 引拔。

4　第 3 行, 锁 4 针后长针 4 针并 1 针, 再锁 10 针, 重复 6 次, 引拔。

5　锁 3 针后共钩出 6 片花瓣, 引拔钩出第 4 行, 完成一块单元花。

6　从第 2 块单元花开始, 在最后第 4 行钩狗牙针部分用拔针完成单元花之间的连接。

7　将 34 块单元花连接在一起。

单元花

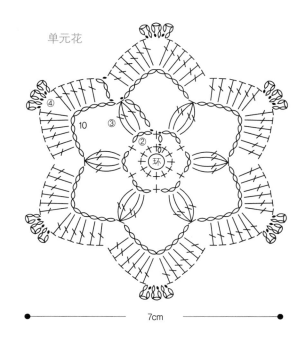

7cm

98

[基本针法] 引拔连接单元花的方法

最后一段钩长针 6 针后锁 2 针。

已完成的单元花最后一段钩狗牙针部分插入针后引拔。

单元花连接顺序

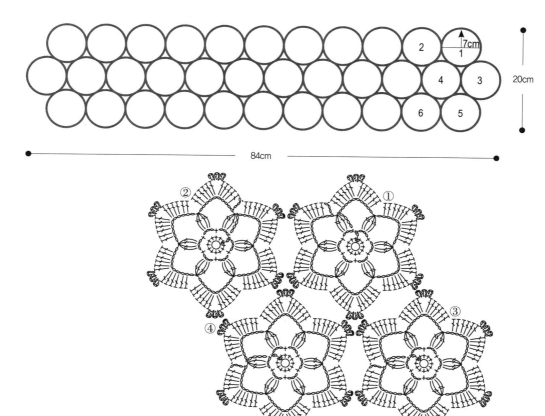

84cm

20cm

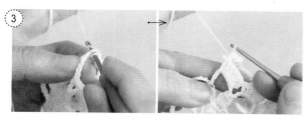

锁1针后引拔。

方块四角花沙发坐垫

成品尺寸: 40cmX40cm
单元花 10cmX10cm(每块)
材料: Essentials cotton 红色(02)•蓝色(32)•天蓝色(95)
各2团, 紫色(18)3团, 40cm 长的紫色拉链

[*how to knit*]

1 用钩针 4/0 号和红线按照图案钩环形。

2 用蓝色钩 1~3 行, 天蓝色钩第 4 行, 紫色钩第 5 行,
钩出正方形单元花。

3 第 2 张单元花的最后一段中其中一面 7 处引拔, 与
钩好的②单元花连接。

4 每 4 块一边, 16 块单元花成一面, 共 32 块单元花,
连接在一起。

5 只留一面可以打开装入棉花, 连接好后缝上拉链。

单元花

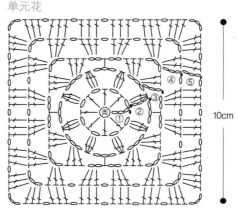

10cm

10cm

100

坐垫

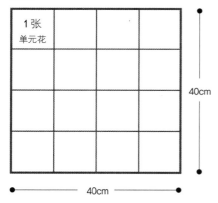

1 张 单元花			

40cm

40cm

单元花的连接

成品尺寸: 80cmX80cm
单元花 10cmX10cm(每块)
材料: Essentials cotton 紫色(18)·绿松石色(40)·淡绿色(66)各 3 团, 白色(80)5 团
工具: 4/0 号钩针

方块四角花方垫

[how to knit]

1 用 4/0 号钩针和紫色线按图案钩环形。

2 用绿松石色线钩第 1~3 行, 淡蓝色线钩第 4 行, 白色线钩第 5 行, 完成方块四角图案。

3 第 2 块单元花的最后一行中其中一面 7 处引拔, 与钩好的②单元花连接。

4 每边 8 块, 共 64 块单元花连接在一起。

垫子

1 张 单元花							

80cm

80cm

[基本针法]A 制作方垫的中心圆

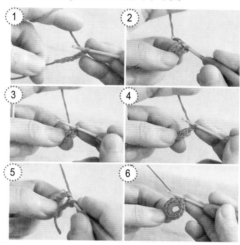

1 锁 6 针后, 将针插入第一针锁针中。
2 钩住线拉出。
3 锁 1 针。
4 将针插入大环中。
5 钩 12 针短针。
6 引拔, 完成。(完成环形)

B 单元花换线的时候?

1 在最后一段钩住要换的线。
2 拉出。
3 立 3 针锁针。

女性花饰小发带 ^{for Baby}

成品尺寸: 头围 40cm, 宽 3cm
花饰直径 3cm
材料: 白色(80)1团, 天蓝色(80)·紫色(18)·绿松石色
(40) 各少量
工具: 4/0 号钩针, 缝针

[*how to knit*]

1　用 4/0 号钩针和白色线锁 6 针。

2　立 3 针, 钩长针。反复钩 45 行, 无增减针。

3　用缝针将始末部分连接呈圆筒状。

4　用 4/0 号钩针和天蓝色线锁 30 针。

5　立 3 针, 钩 4 针长针, 锁 3 针, 引拔, 完成 1 片花瓣。
　以同样的方法钩出 6 片花瓣。

6　将⑤卷成花朵模样, 用缝针固定好后制成花饰, 并
　用缝针将其固定在发带上。制作 3 种不同颜色的花
　饰并固定在发带上即完成。

发带编织

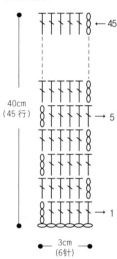

3cm
(6针)

40cm
(45 行)

←45

→ 5

→ 1

102

花饰编织

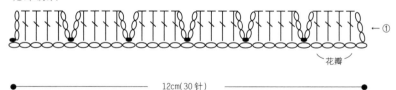

←①

花瓣

12cm(30 针)

收尾

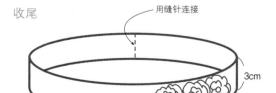

用缝针连接

3cm

[基本针法] A 锁针的基本方法

1 拿住针和线。
2 钩住线。
3 钩出一个环。

4 再钩住线。**5** 拉出线头。(1针完成的图样)
6 1针完成的样子。
8 8针完成的状态。(锁针)

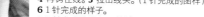

B 钩长针的方法

1 锁8针,立3针锁针。
2 挂线。
3 将针横着插入后面的环中。
4 钩住线拔第1针。
5 钩住线拔第2针。
6 再钩住线,最后拔第3针。
7 完成1行的图样。
8 将织片翻面,立3针锁针,钩长针。
9 重复钩长针直至6行的图样。

成品尺寸:长 50cmX 宽 4cm
花饰直径 4cm
材料:白色线(8)1 团,天蓝色线(95)•紫色线(18)
•绿松石色线(40) 各少量
工具:4/0 号钩针,缝针

女性花饰小发带 for Mom

[*how to knit*]

1 用 4/0 号钩针和白线锁 9 针。

2 立 3 针后钩长针至 30 行,无增减针。接着钩,
  剩下 4 行,减针。

3 锁 50 针后立 3 针,长针 4 针并一针,钩出小圆球。

4 起始部分钩住线,反方向钩长针 14 行后减针钩织
  4 行。完成系带和小圆球。

5 用 4/0 号钩针和天蓝色线锁 30 针。

6 立 1 针后,钩 30 针短针,然后钩出 6 片花瓣。

7 将花瓣卷成花饰模样后,用缝针固定在发带上。共
  制作 3 种不同颜色的花饰。

104

花饰编织

30 针

向内侧卷绕
固定成形。

4cm

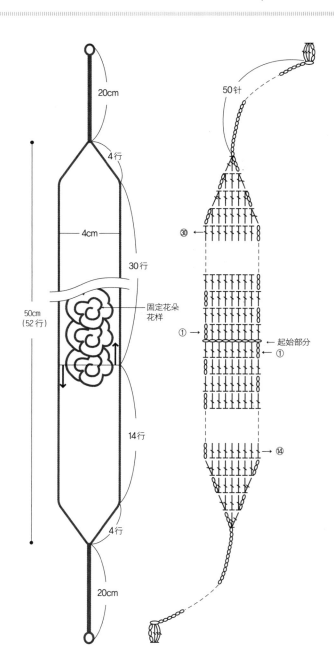

[基本针法] 长针 2 针并 1 针

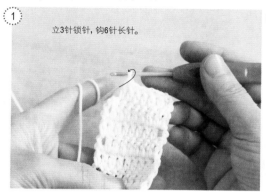
① 立3针锁针，钩6针长针。

② 钩住线，插入针后钩出，钩出2针。

2针

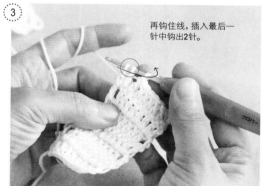
③ 再钩住线，插入最后一针中钩出2针。

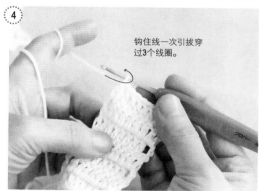
④ 钩住线一次引拔穿过3个线圈。

成品尺寸 (2–3 岁用)：胸围 62cm，肩宽 25cm，袖长 24cm
规格：花样编织 30 针 X12 段 (10cm²)
材料：真丝棉白色 (1) 4 团，粉红色 (3) 2 团，
　　　天蓝色 (5) 2 团
工具：4/0 号钩针，8/0 号钩针，缝针

浅色系儿童开襟衫

[*how to knit*]

· 编织后身片 · 前身片

1 用 4/0 号钩针和白色线锁 193 针，编织 32 个花样。

2 无增减针，编织 23 行。

3 参照标有前后片的图案，在抬肩处各减 2 个花样完成身
片编织。

前后身片编织

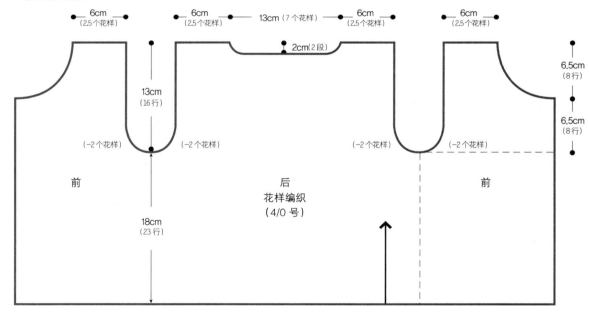

6cm (2.5 个花样)　6cm (2.5 个花样)　13cm (7 个花样)　6cm (2.5 个花样)　6cm (2.5 个花样)

2cm(2 段)

13cm (16 行)

6,5cm (8 行)

6,5cm (8 行)

(−2 个花样)　(−2 个花样)　(−2 个花样)　(−2 个花样)

前　　　后
　　花样编织
　　(4/0 号)　　前

18cm (23 行)

起针 (193 针)
62cm (32 个花样)

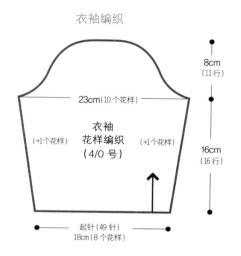

衣袖编织

23cm（10个花样）

衣袖
花样编织
（4/0 号）

（+1个花样）　　（+1个花样）

8cm
（11行）

16cm
（16行）

起针（49 针）
18cm（8个花样）

・衣袖编织

1 用 4/0 号钩针锁 49 针，8 个花样。

2 两侧各增加 1 个花样，钩 16 行后，参照后页图案完
　成袖山。

・收尾

1 将前后身片内侧相对，用缝针从表面缝合肩部。

2 连接衣袖侧线。

3 用缝针连接身片的抬肩和袖山。

4 用 4/0 号钩针在前颈处钩 30 针短针，后颈钩 42 针
　短针，前襟 70 针短针，下摆 193 针短针，朝一个方
　向钩一行。

5 衣袖下摆钩 1 行 50 针短针。

收尾（衣领・前襟・下摆）

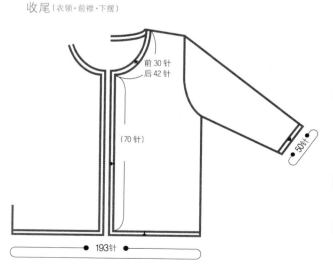

前 30 针
后 42 针

（70 针）

50针

193针

花样编织

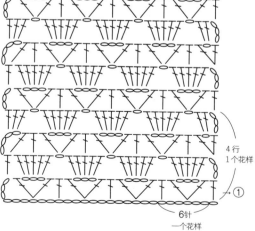

4 行
1 个花样

①

6针
一个花样

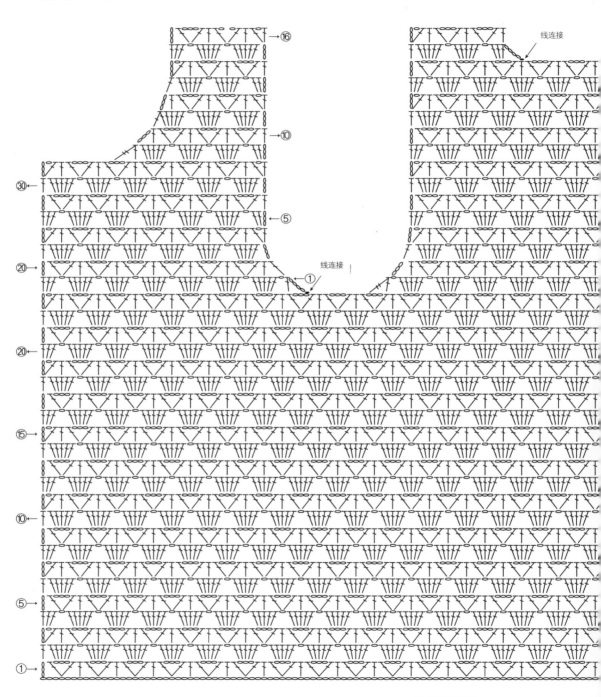

線连接

→⑯

線连接

→⑩

→⑤

①

线连接

193 针(32 个花样)

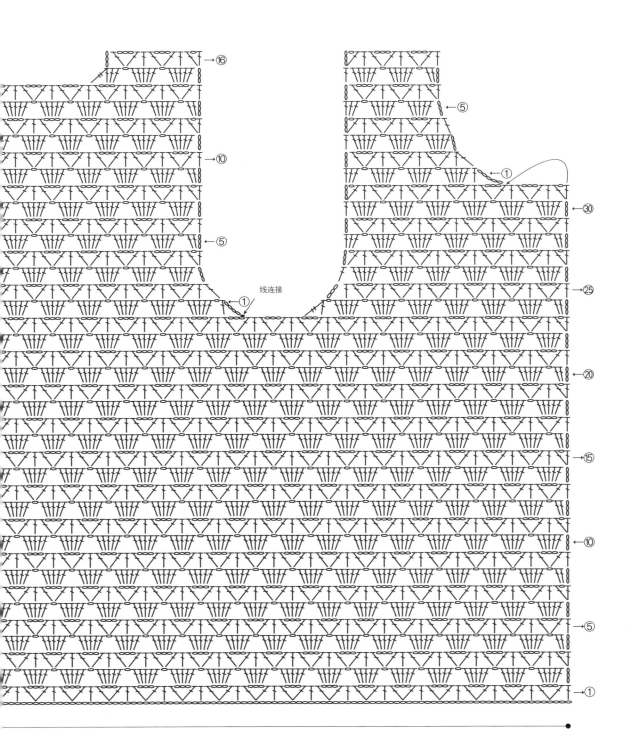

线连接

109

衣袖编织

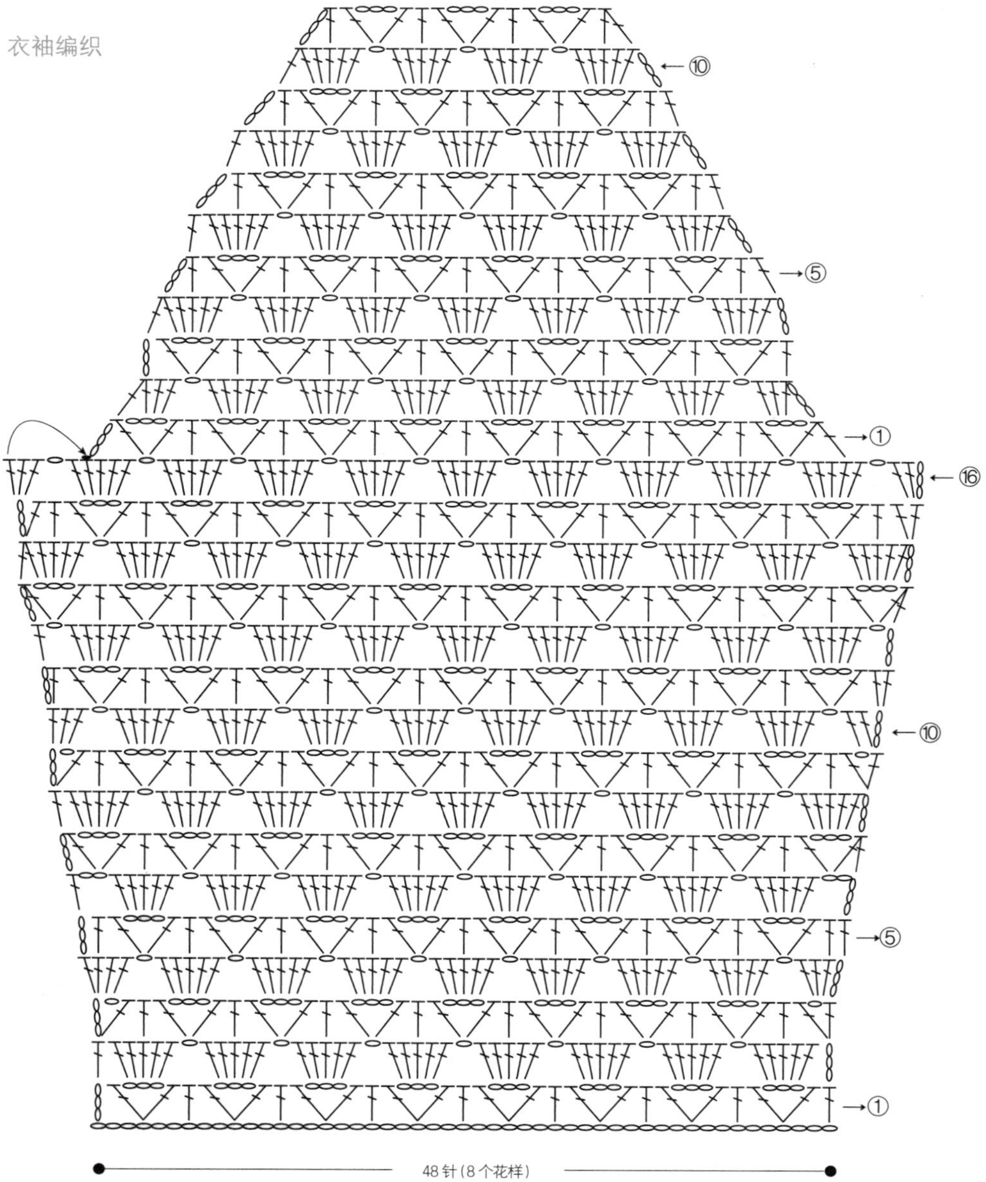

←⑩
←⑤
←①
←⑯
←⑩
←⑤
←①

110

● 48针(8个花样) ●

民族风百变发圈

成品尺寸：直径 6cm
材料：Essentials cotton 红色（02）• 紫色（18）• 绿松石色（40）各 1
团 + 直径 6cm 的橡皮筋 3 条
工具：4/0 号钩针
* 以 3 条不同颜色的橡皮筋为准

[*how to knit*]

1 用 4/0 号钩针和红线缠绕橡皮筋。钩 1 针短针，锁 3
针，重复 100 次后引拔，完成 1 行。

2 锁 1 针后钩 1 针短针，锁 3 针，重复 100 次后引拔，
完成 2 行。

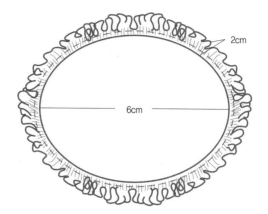

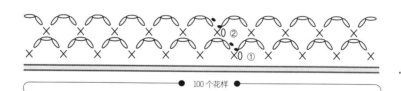

[基本针法] 将线缠绕在橡皮筋上的方法

将针插入橡皮筋圈，钩出线。

锁 1 针。

钩短针。

将多余的线头和橡皮筋圈合在
一起。

成品尺寸: 胸围 90cm, 肩宽 37cm, 袖长 10cm
规格: 花样编织 28 针 X13.5 行 (10cm²)
材料: 亚麻纱藏蓝色 (7) 5 团
工具: 3/0 号钩针, 缝针

罩衫式夏季短款开衫

[*how to knit*]

· 后身片编织

1 用 3/0 号钩针锁 127 针 (21 个花样)。

2 按照后面的花样编织 (重复四方形花样 2 行 + 花样 1 行), 无增减针钩至 22 行。

3 参照后面的图案, 在抬肩处各减 2 个花样, 钩 24 段, 钩出领窝。

· 前身片编织

1 用 3/0 号钩针锁 40 针。

2 钩至 14 行, 增至 11 个花样, 继续无增减针钩至 22 行。

3 参照后面的图案, 在抬肩处减至 9 个花样, 继续钩织前领窝。

前后身片编织

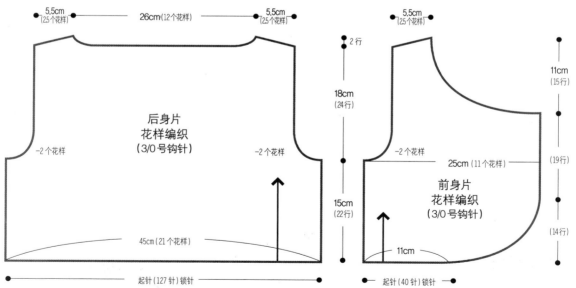

衣袖编织

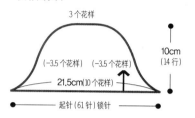

3 个花样

(-3.5 个花样) (-3.5 个花样)

21.5cm(10 个花样)

起针(61 针)锁针

10cm
(14 行)

- 衣袖编织
1 用 3/0 号钩针锁 61 针。
2 两侧各减 3.5 个花样钩出袖山。

- 边缘钩织
1 将前后身片内侧相对,用缝针从表面缝合肩部。
2 连接两侧身片的侧线和衣袖侧线。
3 将身片的抬肩和袖山边缘相对,用 3/0 号钩针以引拔针连接。
4 用 3/0 号钩针在前颈处锁 57 针(19 个花样),后颈 66 针(22 个花样),前襟 120 针(40 个花样),下摆 129 针(43 个花样),朝一个方向钩两行花样收尾。
5 用 3/0 号钩针在衣袖下摆朝同一个方向钩 2 行 90 针(30 个花样)收尾。

边缘钩织

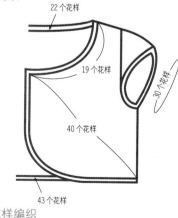

22 个花样

19 个花样

30 个花样

40 个花样

43 个花样

边缘花样编织

←②
←①

3 针 1 花样

基本花样编织

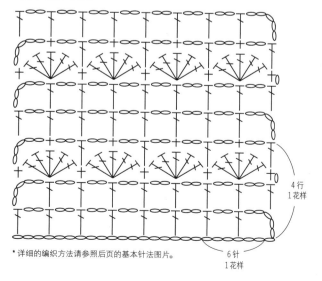

4 行
1 花样

6 针
1 花样

* 详细的编织方法请参照后页的基本针法图片。

前身片编织（左侧）

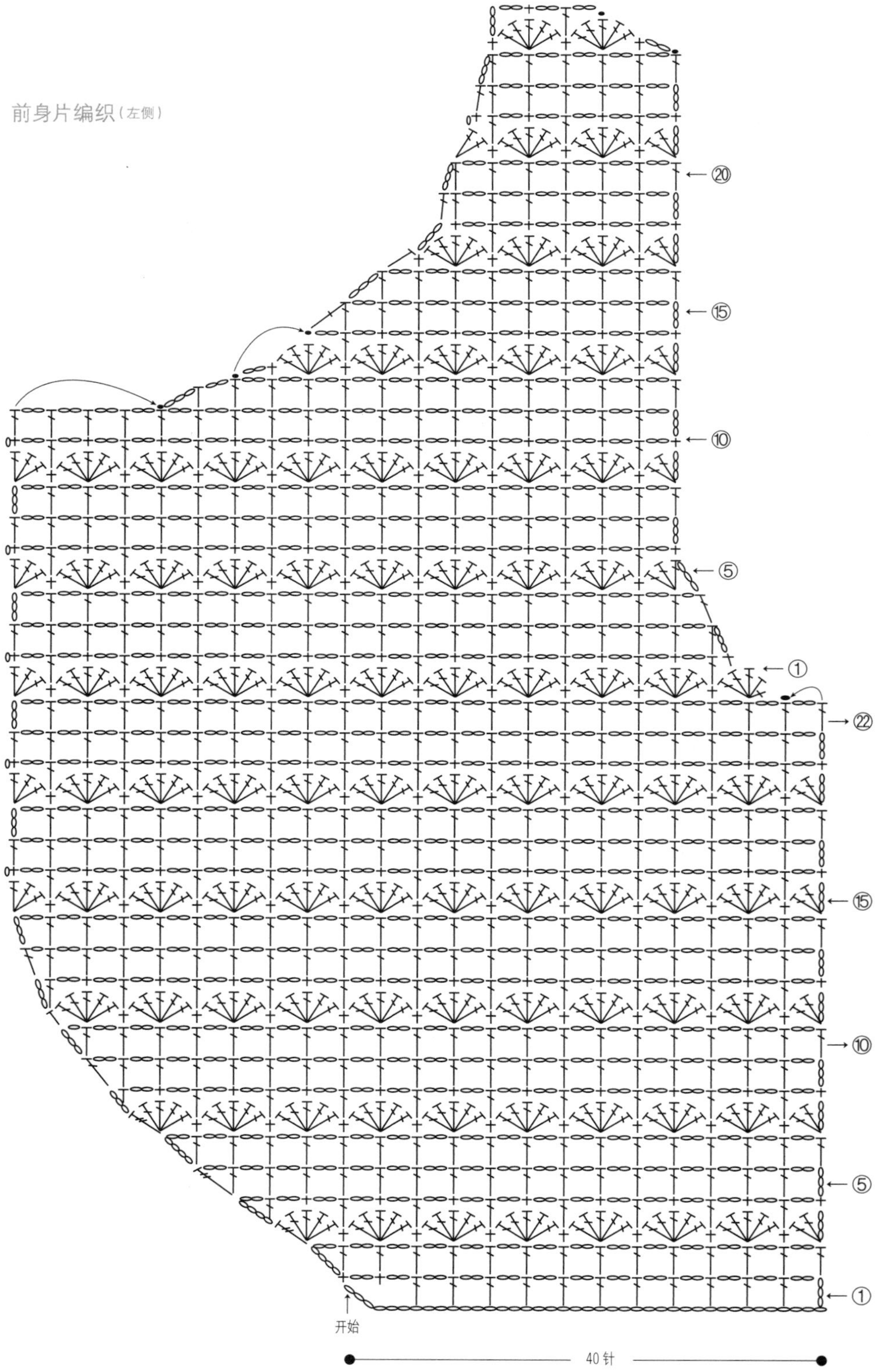

← ⑳

← ⑮

← ⑩

← ⑤

← ①

→ ㉒

→ ⑮

→ ⑩

→ ⑤

→ ①

114

开始

● —————————— 40 针 —————————— ●

前身片编织（右侧）

⑮

⑩

⑤

①

㉝

㉚

㉕

⑳

⑮

⑩

⑤

①

115

开始

40针

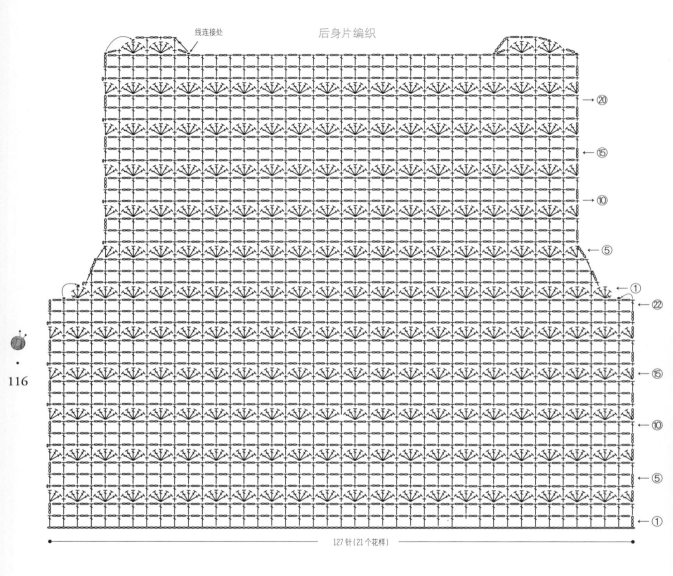

后身片编织

线连接处

→ 20

← 15

→ 10

← 5

→ 1

← 22

← 15

→ 10

← 5

→ 1

127 针(21 个花样)

116

衣袖连接

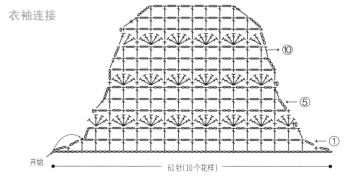

→ 10

→ 5

→ 1

开始

61 针(10 个花样)

5针长针钩贝壳针

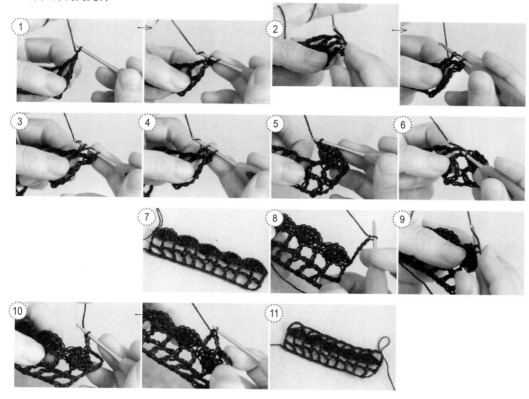

1 锁1针,钩1短针。
2 挂线,将针插入,钩出线。
3 钩出第2针。
4 再钩住线,钩出第3针。
5 在同一位置钩长针,重复4次。
6 在下一个长针钩短针。
7 重复钩贝壳针和短针。
8 在第4行开始锁5针(1个花样4行)。
9 在贝壳针中间的长针上钩短针。
10 锁2针,钩长针。
11 1个花样4行完成的图样。

成品尺寸: 胸围90cm, 长60cm
规格: 1个花样4cm(10针)X2.5cm(4行)
材料: 亚麻纱淡紫色(5)9团
工具: 4/0号钩针, 缝针

风情方形背心

[*how to knit*]

1 用4/0号钩针和淡紫色线锁111针。

2 每行花样共钩111针, 11个花样。

3 竖行每个花样4行, 共34个花样。按此方法钩前后片。

4 内侧相对, 用缝针缝合肩部。

5 侧开口留28行, 从29行至72行连接侧线。

6 衣袖部分前片钩64短针, 后片钩60针短针, 1行。

7 下摆侧开口钩38针短针, 下摆钩111针短针, 1行。

8 领口部分前面钩64针短针, 后面钩64针短针, 1行。

收尾

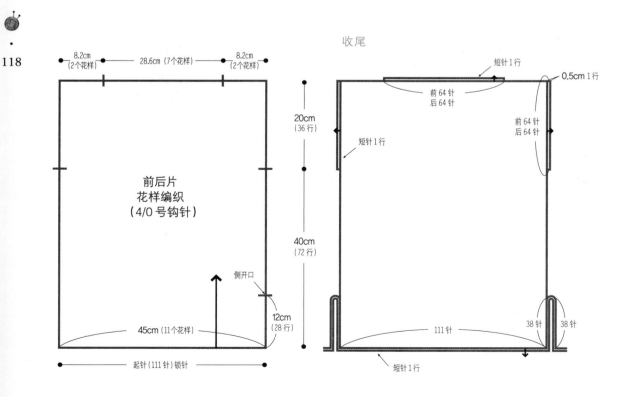

8.2cm (2个花样)　28.6cm (7个花样)　8.2cm (2个花样)

前后片
花样编织
(4/0号钩针)

20cm (36行)

40cm (72行)

侧开口

45cm (11个花样)

12cm (28行)

起针(111针)锁针

短针1行

前64针 后64针

0.5cm 1行

前64针 后64针

短针1行

111针

38针　38针

短针1行

花样编织

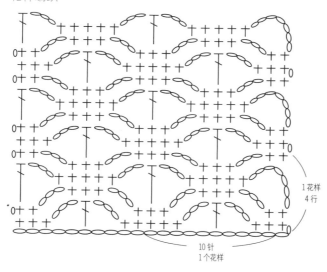

1花样
4行

10针
1个花样

119

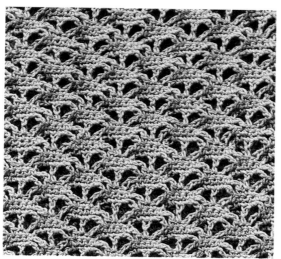

成品尺寸: 头围 55cm
规格: 短针 18 针 X20 行 (10cm²)
材料: ANDARIA 卡其色 (62) 3 团 · 栗色 (159) 1 团
工具: 6/0 号钩针

复古夏季遮阳帽

[*how to knit*]

1 用 6/0 号钩针和卡其色线钩一环形, 环内, 钩 7 针短针。

2 朝同一方向钩短针, 其间重复增 7 针, 钩至 6 行。(共 42 针)

3 第 7 行至 11 行, 每行增 6 针。(共 72 针)

4 12 行不增针, 13 行至 19 行重复增针, 隔一行增 6 针。(19 行共 96 针)

5 20 行至 36 行无增减针。其中, 32~34 行采用栗色线。

6 帽檐部分的增针共 14 行, 每隔 1 行增 10 针, 重复直至 11 行, 后 3 行无增减针。引拔收尾。(13、14 行为栗色线)

120

增针图示

帽檐	14 行	156 针
	13 行	156 针
	12 行	156 针
	11 行	156 针
	10 行	146 针
	9 行	146 针
	8 行	136 针
	7 行	136 针
	6 行	126 针
	5 行	126 针
	4 行	116 针
	3 行	116 针
	2 行	106 针
	1 行	106 针
侧面	20行~36行	96 针
上面	19 行	96 针
	18 行	90 针
	17 行	90 针
	16 行	84 针
	15 行	84 针
	14 行	78 针
	13 行	78 针
	12 行	72 针
	11 行	72 针
	10 行	66 针
	9 行	60 针
	8 行	54 针
	7 行	48 针
	6 行	42 针
	5 行	35 针
	4 行	28 针
	3 行	21 针
	2 行	14 针
	1 行	7 针
	起针	圆

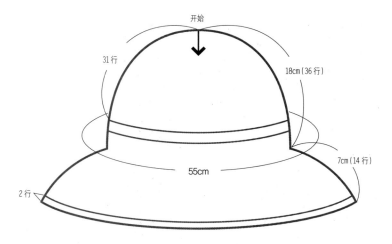

开始
31 行
18cm(36 行)
55cm
7cm(14 行)
2 行

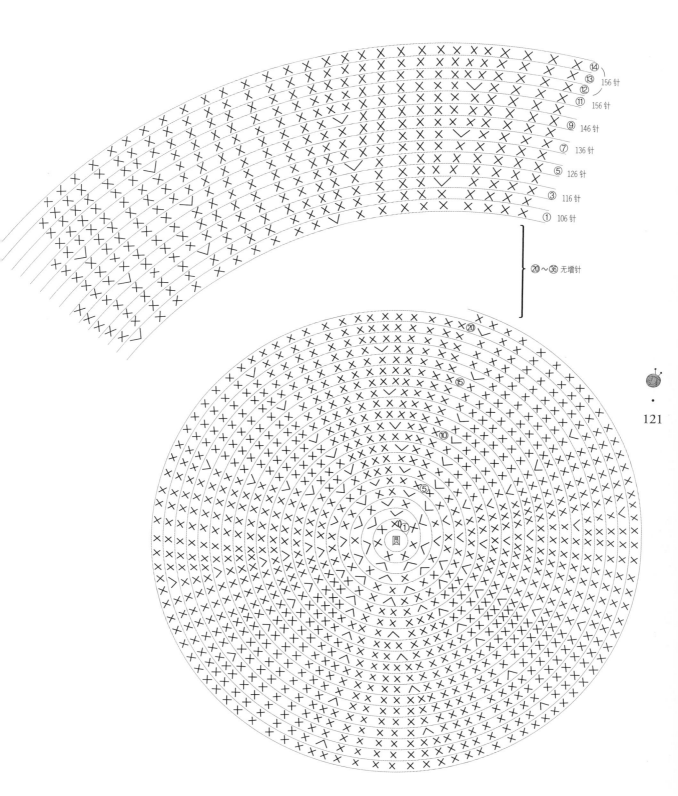

⑭
⑬
⑫ 156 针
⑪ 156 针
⑨ 146 针
⑦ 136 针
⑤ 126 针
③ 116 针
① 106 针

⑳〜㊱无增针

⑳

⑮

⑩

⑤

⑩①

圆

121

成品尺寸: 底 20cmX 高 30cm

规格: 短针 16 针 X17 行 (双股线标准 10cm²)

材料: ANDARIA 卡其色 (62) 2 团, 栗色 (159) 8 团 + 钓鱼线
褐色手提带 1 对

工具: 7/0 号钩针

复古夏季编织包

[*how to knit*]

1　用 7/0 号钩针和双股栗色线钩一环形, 环内钩 6 针短针。

2　朝一个方向钩短针, 同时按照图案每行增 6 针, 直至 16 行。
　（共 96 针）

3　16 行起, 每 4 行增 3 针, 连增 12 次, 最后两行无增减针。
　20~21 行卡其色, 22~34 行栗色, 35~37 行卡其色, 38~50 行
　栗色, 51~52 行卡其色, 53~64 行栗色, 65~66 行卡其色, 按
　照此顺序编织。

4　用钓鱼线缝合手提带。

122

增针

64 行 −66 行	132 针
60 行 −63 行	129 针
56 行 −59 行	126 针
52 行 −55 行	123 针
48 行 −51 行	120 针
44 行 −47 行	117 针
40 行 −43 行	114 针
36 行 −39 行	111 针
32 行 −35 行	108 针
28 行 −31 行	105 针
24 行 −27 行	102 针
20 行 −23 行	99 针
16 行 −19 行	96 针
15 行	90 针
14 行	84 针
13 行	78 针
12 行	72 针
11 行	66 针
10 行	60 针
9 行	54 针
8 行	48 针
7 行	42 针
6 行	36 针
5 行	30 针
4 行	24 针
3 行	18 针
2 行	12 针
1 行	6 针
起针	环

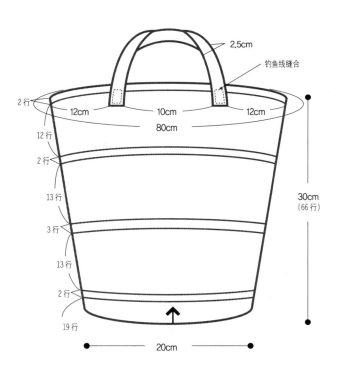

2,5cm

钓鱼线缝合

2 行

12cm
12 行

2 行

13 行

3 行

13 行

2 行

19 行

12cm　　10cm　　12cm

80cm

30cm
(66 行)

20cm

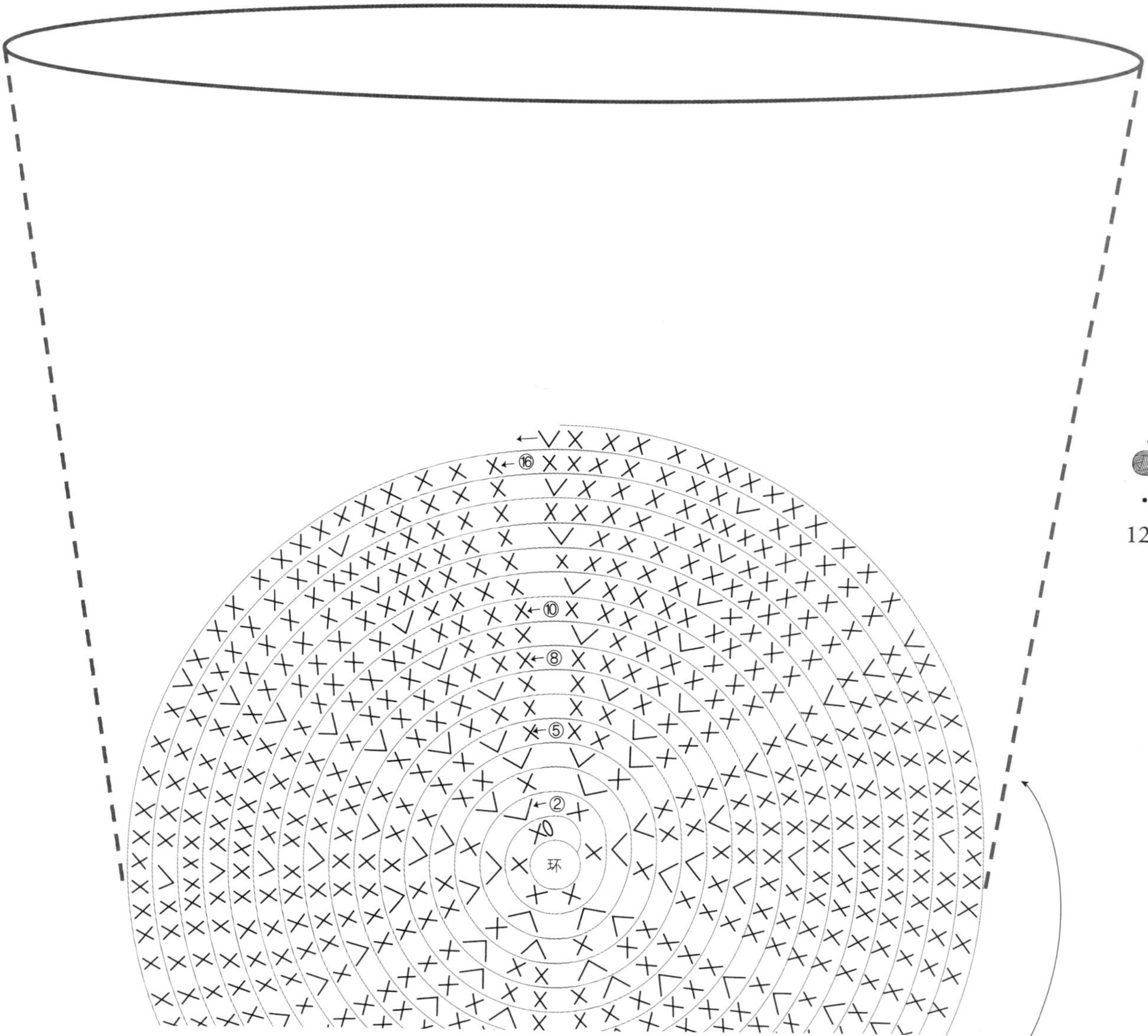

环

② ①

⑤

⑧

⑩

⑯

底部增至 16 行，此后每
4 行增 3 针，重复 12 次，
最后两行无增减针。

123

成品尺寸: 头围 54cm
规格: 单元花 9cmX9cm (每张)
材料: Essentials cotton 黑色 (40) • 粉红色 (14) •
绿松石色 (40) • 淡绿色 (66) • 橘黄色 (07) • 黄色
(66) • 天蓝色 (95) 各 1 团。
工具: 4/0 号钩针, 缝针

色彩鲜明的四角花帽子

[*how to knit*]

• 上部分编织
1 用 4/0 号钩针和黑线钩一环形, 环内钩 6 针短针。
2 朝一个方向钩短针, 每行重复增 6 针。
3 钩至 24 行, 共 144 针。

• 四角花编织
1 用 4/0 号钩针和粉红色线钩一环形, 环内钩 8 针短针。
2 朝一个方向钩短针, 在四处棱角增 3 针, 钩成正方形。
3 11 行中前 10 行钩粉红色, 第 11 行钩黑色。
4 钩 6 张颜色不同的单元花, 用缝针连接成圆筒状。
5 将上部分的 144 针和单元花用缝针连接在一起。

• 帽檐编织
1 用黑色线在每个单元花部分钩 24 针短针。
2 钩成圆筒形, 每行增针, 直至 19 行。
3 最后第 20 行, 钩 1 行反短针, 收尾。

124

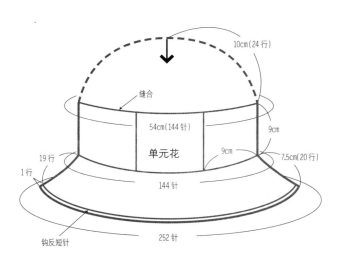

10cm(24 行)

缝合

54cm(144 针)

9cm

单元花

9cm

7.5cm(20 行)

19 行

1 行

144 针

252 针

钩反短针

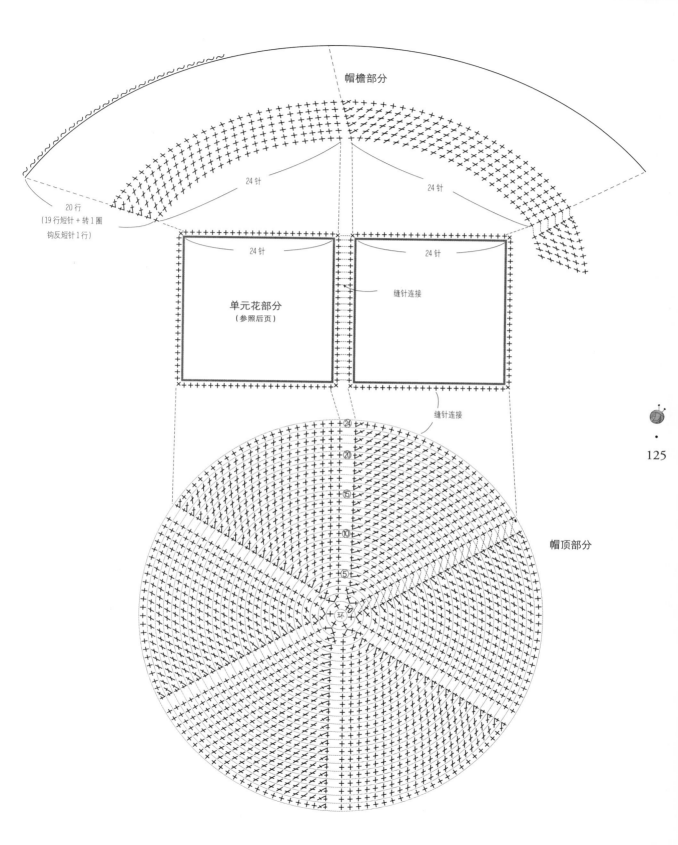

帽檐部分

24针　　　　24针

20行
（19行短针＋转1圈
钩反短针1行）

24针

单元花部分
（参照后页）

24针

缝针连接

缝针连接

㉔

⑳

⑮

⑩

⑤

环

帽顶部分

単元花颜色排列

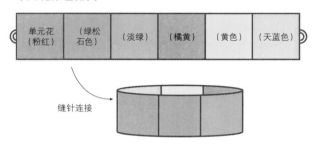

单元花 （粉红）	（绿松 石色）	（淡绿）	（橘黄）	（黄色）	（天蓝色）

缝针连接

四角花编织

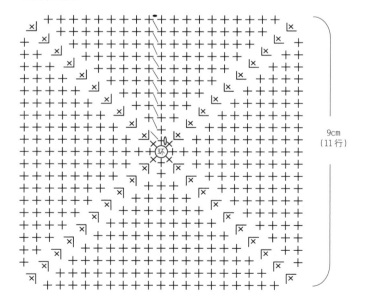

9cm
（11行）

[基本针法] 缝针连接单元花

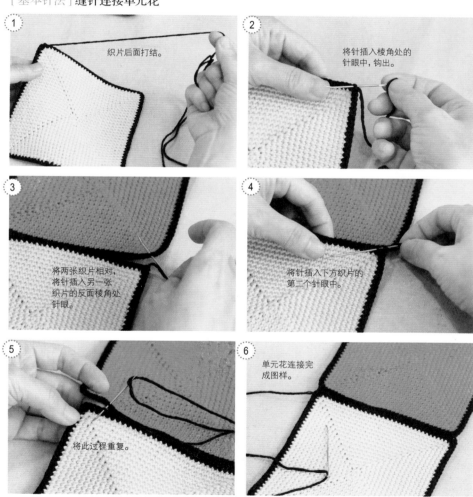

① 织片后面打结。

② 将针插入棱角处的针眼中，钩出。

③ 将两张织片相对，将针插入另一张织片的反面棱角处针眼。

④ 将针插入下方织片的第二个针眼中。

⑤ 将此过程重复。

⑥ 单元花连接完成图样。

成品尺寸: 62cm×48cm
规格: 单元花 12cm×12cm(每块)
材料: Essentials cotton 黑色(40)2 团, 红色(02)•蓝色(32)•橘黄色(00)•紫色(18)各 1 团
工具: 4/0 号钩针, 缝针

色彩鲜明的四角花包

[*how to knit*]

• 四角花编织
1 用 4/0 号钩针和红色线钩一环形, 环内钩 8 针短针。
2 朝一个方向钩短针, 在四处棱角增 3 针, 钩成正方形。
3 共 14 行, 前 13 行钩红色, 14 行钩黑色。
4 各钩 3 张不同颜色四角花, 共 12 张。参照颜色排列表用缝针连接在一起。

• 收尾
1 一侧棱角用黑色线连接, 锁 70 针连接另一侧棱角。再钩 12 针短针 +12 针短针, 锁 70 针, 连接另一侧棱角后钩 12 针短针 +12 短针。(参照图案①)
2 图案①部分钩短针 4 行, 钩 1 行反短针, 成圆筒形。棱角部分重复减针。
3 图案的②③部分用黑色线连接成圆筒形, 共钩 5 行。

128

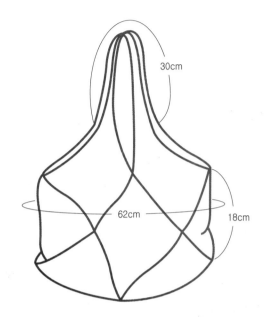

单元花颜色排列

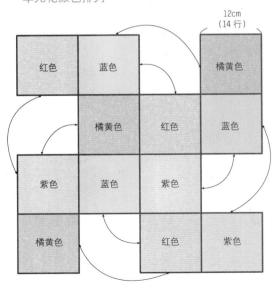

单元花

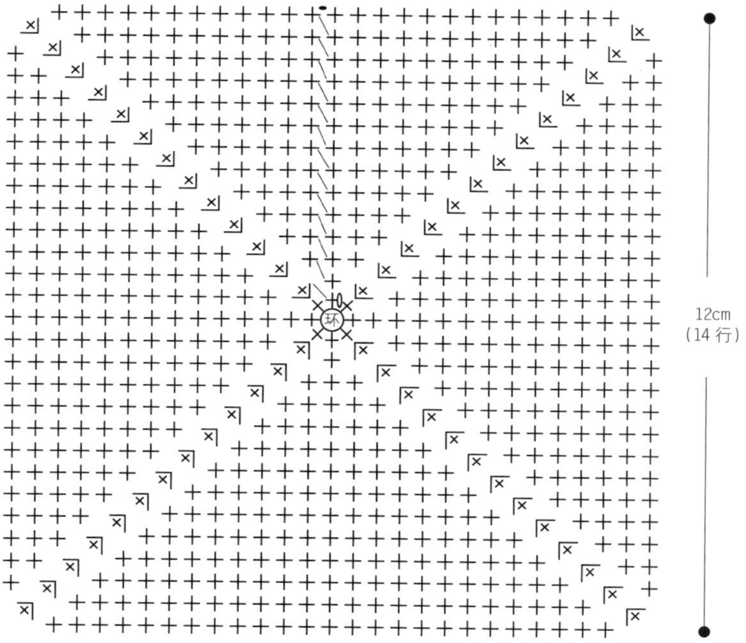

12cm
(14 行)

收尾（末尾部分）

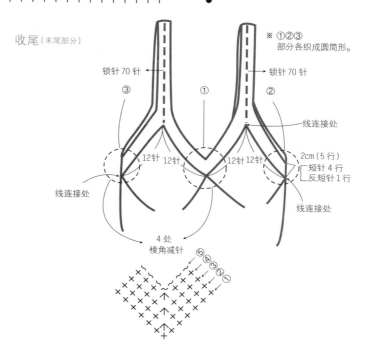

※ ①②③
部分各织成圆筒形。

锁针 70 针 　 锁针 70 针

③ 　 ① 　 ② 　 线连接处

12针 12针 　 12针 12针 　 2cm（5 行）
　短针 4 行
　反短针 1 行

线连接处 　 线连接处

4 处
棱角减针

成品尺寸：宽 22cmX 长 26cm

规格：单元花 5cmX5cm（每张）

材料：Essentials cotton 粉红色（14）1 团，灰色（06）
2 团 +25cm 拉链，内衬布料

棕色花 iPad 袋

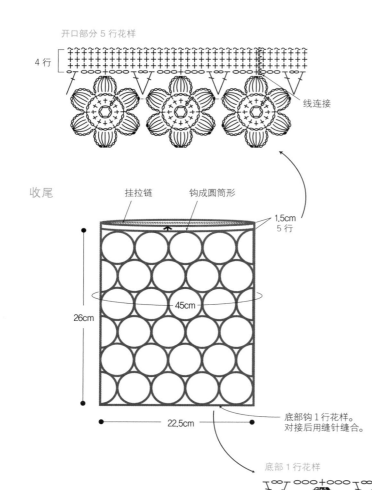

开口部分 5 行花样

4 行

线连接

收尾

挂拉链　　　钩成圆筒形

1.5cm
5 行

26cm

45cm

22.5cm

底部钩 1 行花样。
对接后用缝针缝合。

底部 1 行花样

130

[*how to knit*]

1 用 4/0 号钩针和粉红色线锁 6 针，引拔，
钩成圆。

2 锁 1 针，钩 12 针短针，1 行。

3 将粉红色线换成灰色线，钩 2 行成 6 片花
瓣，完成一个单元花。

4 第 2 块单元花最后一行用引拔连接，继
续钩。

5 依照花样表，每 10 块单元花接在一
起，共 60 张单元图案，长长地连接成圆
筒形。

6 袋子开口部分用灰色线重新连接，钩 4 行
花样。

7 底部用灰色线重新连接，钩 1 行花样，将
其对接，用缝针缝合。

8 剪裁好内衬布料，用缝针缝合并缝上拉链。

成品尺寸: 长 60cmX 宽 20cm

规格: 单元花 5cmX5cm（每块）

材料: Essentials cotton 粉红色（14）2 团,

灰色（06）1 团

工具: 4/0 号钩针

粉色花多用途编织垫

[*how to knit*]

1 用 4/0 号钩针和灰色线锁 6 针, 引拔, 钩成环形。

2 锁 1 针, 钩 12 针短针, 1 行。

3 将灰色线换成粉红色线, 钩 2 行成 6 片花瓣, 完成一个单元花。

4 第 2 个单元花最后一行引拔连接, 继续钩。

5 参照花样表, 连接 54 张花样, 完成编织垫。

基本花朵花样

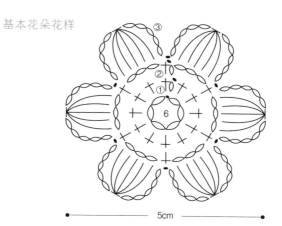

5cm

花样连接顺序

20cm

60cm

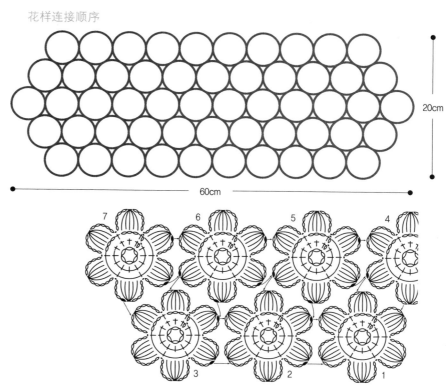

131

成品尺寸: 脸宽 5cmX 长 9cm

规格: 多色 Essentials cotton 少量, 灰色少量, 眼睛一对, 棉花少量

工具: 3/0 号钩针, 缝针

熊猫铅笔帽

[*how to knit*]

1 用 3/0 号钩针和白色线钩圆。

2 锁 1 针, 钩 6 针短针, 每行增 6 针, 直至 7 行。
   （42 针）

3 8、9、10 行无增减针, 从 11 行至 16 行, 每行减 6 针,
   完成熊猫头部。

4 用 3/0 号钩针和彩线钩圆, 完成耳朵和身体的
   编织。

5 锁 1 针, 钩 5 针短针, 增 5 针, 钩 2 行。(10 针)

6 耳朵的 3、4 行无增减针, 身体部分钩至 12 行无
   增减针。

7 头部用棉花填充, 用缝针缝好, 绣上鼻子和胡须,
   贴上眼睛。

8 耳朵对折, 缝合在相应的位置上。

9 身体和头部也用缝合连接。

132

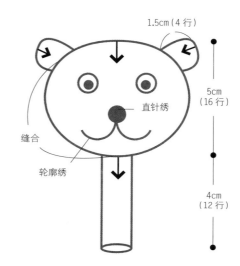

[基本针法] 缝合法编织熊猫头部

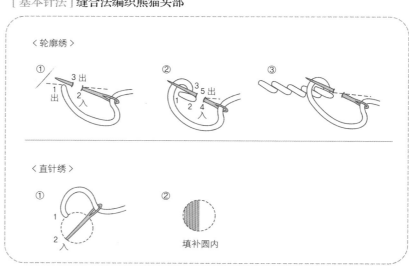

头部编织

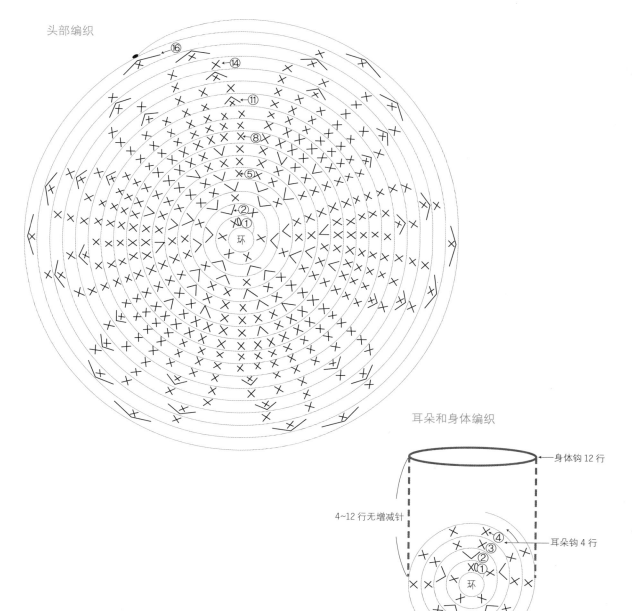

⑯
⑭
⑪
⑧
⑤
②
①
环

耳朵和身体编织

身体钩12行

4~12行无增减针

④
③
②
①
环

耳朵钩4行

成品尺寸: 胸围 45cm, 衣长 25cm

规格: 3.5cm（8 针）X1 花样 4cm（4 行），长针 18
针 X11 段（10cm²）

材料: super soft 天蓝色（13158）1 团, 藏蓝色（10214）
1 团

工具: 4/0 号钩针, 缝针

蓝色小狗背心 − M

[*how to knit*]

1 用 4/0 号钩针和藏蓝色线锁 65 针, 钩 1 行
8 个花样。

2 换成天蓝色线后钩 2 行, 再用藏蓝色线钩
1 行, 共钩 4 行, 完成 1 个花样。

3 继续换线, 同①②, 钩 4 行 1 个花样, 无
增减针, 共钩 6 个花样。

4 腹部部分用 4/0 号钩针和藏蓝色线锁 33 针,
钩长针, 无增减针, 钩至 9 行。

5 在两侧钩 9 行, 每行减 5 针, 之后无增减
针, 再钩 6 行。

6 用缝针连接背部和腹部的织片。下部分连
接背部的第 4 行至第 7 行与腹部的 9 行
即可。

7 留出伸腿的洞, 连接上部分。连接背部的
4 段与腹部的 6 行。

8 颈部用藏蓝色线重新连接, 进行花样编织。
藏蓝色第 1 行, 天蓝色第 2 行, 共 10 个花样,
钩成圆筒形, 制成衣领。

9 背部的下摆部分用藏蓝色线重新连接, 进
行花样编织。藏蓝色第 1 行, 天蓝色第 2 行,
共钩 8 个花样。

10 伸腿的洞口用藏蓝色线在背部的 28 针短
针, 腹部钩 22 针短针, 然后第 2 行按照花
样图案纺织。

134

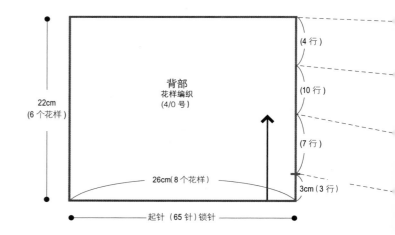

背部织片花样编织

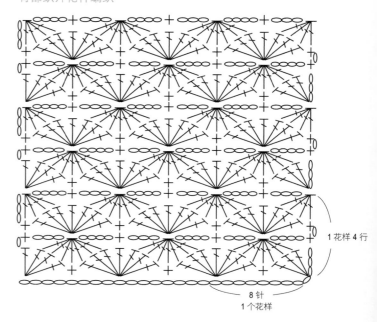

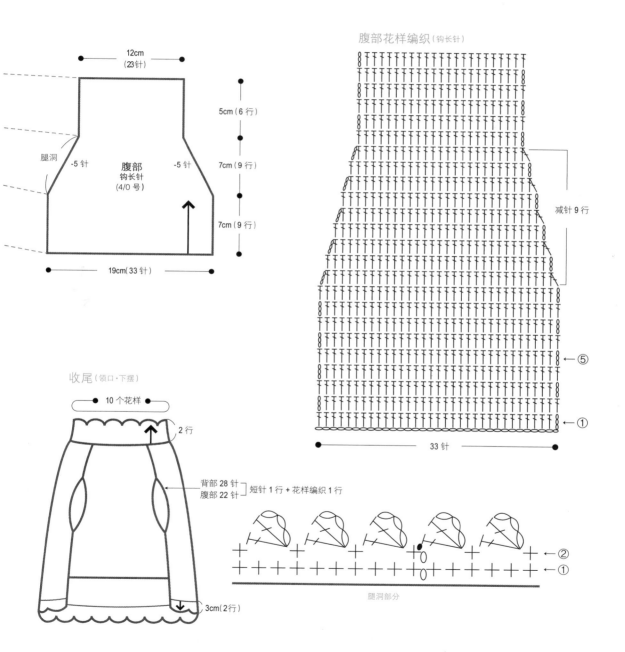

腹部花样编织（钩长针）

12cm
（23针）

5cm（6 行）

7cm（9 行）

7cm（9 行）

腿洞

-5 针

腹部
钩长针
(4/0 号)

-5 针

19cm(33 针)

减针 9 行

← ⑤

← ①

33 针

收尾（领口·下摆）

10 个花样

2 行

背部 28 针
腹部 22 针

短针 1 行 + 花样编织 1 行

3cm（2 行）

← ②

← ①

腿洞部分

135

成品尺寸：胸围 55cm，衣长 40cm
规格：花样编织 20 针 X13 行（10m²）
长针 10 针 X11 行（10m²）
材料：Essentials cotton 红色（02）2 团，乳白
色（51）2 团
工具：4/0 号钩针，缝针

红白相间小狗背心 -L

[*how to knit*]

1 用 4/0 号钩针和乳白色线锁 75 针后
钩 1 行短针。

2 换成红色线，钩 38 个花样。再换乳
白色线，钩 1 行，红色线 1 行，乳白
色 1 行，共钩 4 行，完成 1 个花样。

3 继续换线，钩 4 行 1 个花样，无增减
针，钩至 6 个花样 24 行。

4 第 25 行两侧各减 2 个花样，共 34
个花样。

5 腹部用 4/0 号钩针和乳白色线锁 28
针，钩长针，无增减针，钩至 10 行。

6 减针部分，两侧每 8 行减 4 针，此后
无增减针，钩至 10 行。

7 用缝针连接背部和腹部织片。连接
背部的第 9 至 16 行和腹部的 10
行即可。

8 留出腿伸入的洞口，连接上部分。连
接背部的 8 行和腹部的 6 行即可。

9 领口部用乳白色线连接，钩长针，
5 行，成圆筒形。

10 背部下摆部分用乳白色线重新连接，
钩长针，4 行。

11 伸腿的洞口用乳白色线在背部钩 21
针短针，在腹部 25 针短针，1 行，收尾。

136

背部织片编织

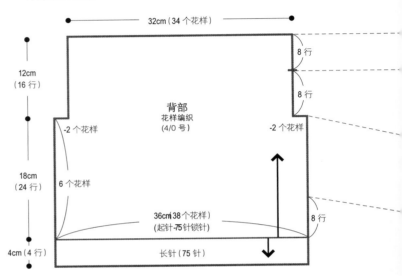

花样编织

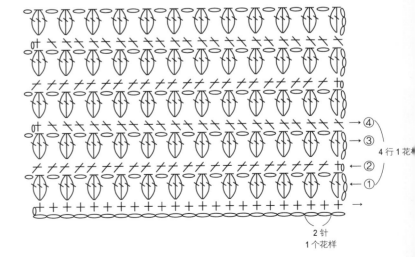

腹部减针部分

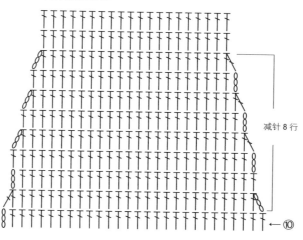

10cm(20 针)

6 行

-4 针   -4 针

腹部
长针
(4/0 号)

19cm(28 针)

8.5cm
(8 行)

8.5cm
(8 行)

11cm
(10 行)

减针 8 行

←⑩

收尾 (领口·下摆钩长针) (自上而下)

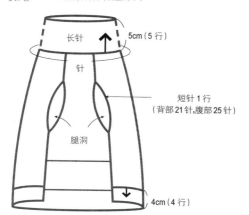

长针

针

5cm(5 行)

短针 1 行
(背部 21 针,腹部 25 针)

腿洞

4cm(4 行)

成品尺寸：胸围 90cm, 总长 67.5cm
单元花：7.5cmX7.5cm（每块，共需 148 块）
材料：kid seta print 系列色（263）7 团
工具：3/0 号钩针

四角花马海毛套衫

[*how to knit*]

1 用 3/0 号钩针和 kid seta print 系列色锁
  6 针后引拔成环。

2 1 段锁 3 针, 钩长针 15 次, 共 16 针,
  引拔。

3 2 行锁 5 针, 钩长针后, 锁 2 针和长针,
  重复 15 次, 引拔。

4 3 行锁 3 针和 2 针长针, 锁 1 针和 3 针
  长针, 重复 15 次, 锁 1 针后引拔 3 针。

5 4 行锁 3 针和 1 针长针, 锁 3 针和 2 针
  长针, 重复 15 次, 锁 1 针后引拔 4 针。

6 5 行锁 1 针和 1 针短针, 锁 5 针, 钩短针,
  锁 3 针, 钩出 4 处棱角。5 行, 结束。

7 第 2 个花样开始, 钩最后一行的一面,
  在 2 处棱角以引拔连接。

8 身片和袖子部分连接成圆筒形, 腋下
  部分的 2 块花样对折成三角形连接。

138

平面图

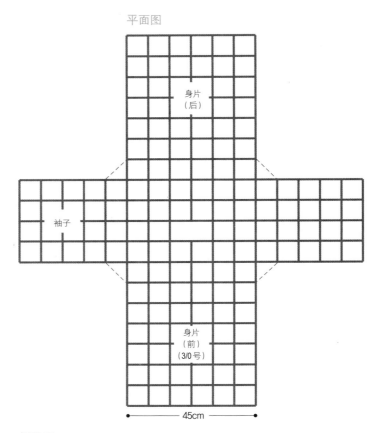

身片
（后）

袖子

身片
（前）
（3/0 号）

45cm

折叠图

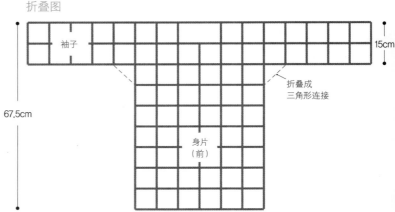

袖子

15cm

折叠成
三角形连接

67.5cm

身片
（前）

单元花编织

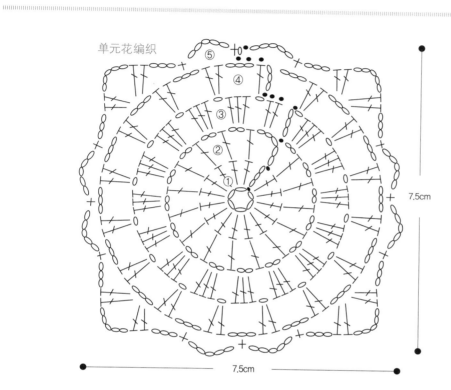

7,5cm

7,5cm

单元花连接

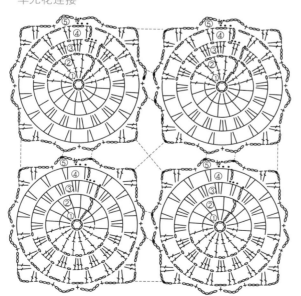

成品尺寸: 宽 150cmX 长 70cm

规格: 花样编织 7 花样 X15 花样 (10cm²)

材料: Hawaii (6045) 3 团

工具: 3/0 号钩针

自然随性三角披肩

[*how to knit*]

1 用 3/0 号钩针锁 9 针后, 在第一针上钩长针。
（1 行 1 花样）

2 转着锁 8 针, 钩短针后, 锁 5 针, 钩长针。（2 行 2 花样）

3 再转过来锁 8 针, 钩短针, 锁 5 针, 钩短针, 锁 5 针, 钩长针。（3 行 3 花样）

4 行数增加的时候, 贝壳花样就在不断增加。一般情况下, 开始的时候锁 8 针和钩短针, 结束的时候锁 5 针, 钩长针。

5 注意始末部分, 共 100 行花样编织。

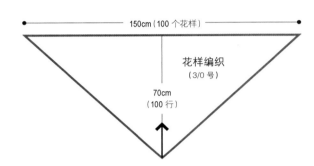

150cm (100 个花样)

花样编织
（3/0 号）

70cm
（100 行）

花样编织

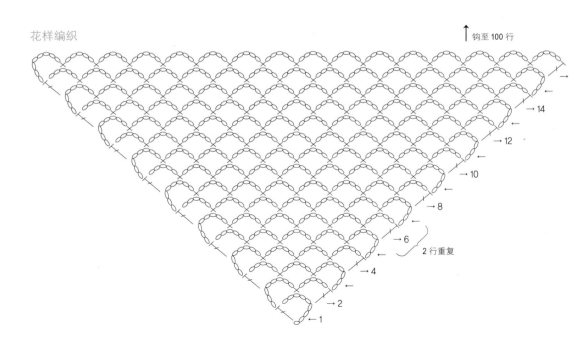

钩至 100 行

→ 14

→ 12

→ 10

→ 8

→ 6

2 行重复

→ 4

→ 2

← 1

黑灰相间条纹围巾

✛ 成品尺寸: 宽 17cmX 长 160cm
规格: 花样编织 22 针 X14 段 (10cm²)
材料: 浅灰色 (194) 7 团, 深灰色 (28) 1 团
工具: 7/0 号钩针

✛

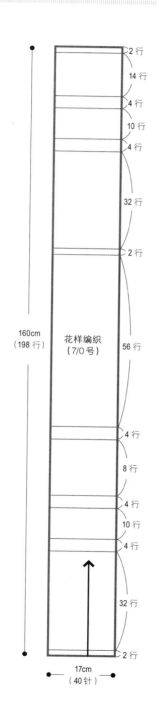

160cm
（198 行）

花样编织
（7/0 号）

2 行
14 行
4 行
10 行
4 行

32 行

2 行

56 行

4 行

8 行

4 行

10 行

4 行

32 行

2 行

17cm
（40 针）

[*how to knit*]

1 用 7/0 号钩针和深灰色线锁 40 针。

2 锁 3 针后钩 1 行长针。

3 锁 3 针后, 重复钩 2 针长针的正拉针和 2 针长针的反拉针。

4 换成浅灰色线钩 32 行。深灰色 4 行, 浅灰色 10 行, 参照图示, 以此类推, 完成 198 行花样编织, 完成围巾。

141

成品尺寸: 头围 56cm
规格: 花样编织 22 针 X14 行 (10cm²)
材料: super soft 深灰色 (28) 2 团, 浅灰色 (194)
1 团
工具: 7/0 号钩针

黑灰相间条纹无檐小便帽

[*how to knit*]

1　用 7/0 号钩针和浅灰色线锁 100 针后引拔, 钩成圆筒形。

2　锁 3 针后钩长针, 引拔, 完成一行。

3　锁 3 针后, 重复钩 2 针长针的正拉针和 2 针长针的反拉针。

4　换成深灰色线钩 9 行, 浅灰色 2 行, 深灰色 4 行, 浅灰色 2 行, 深灰色 4 行, 中间无增减针, 进行花样编织。(共 22 行)

5　剩下的 8 行 (浅灰色 2 行 + 深灰色 6 行) 每段减 10 针, 重复减 8 次, 收尾。

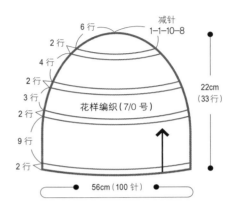

142

花样编织

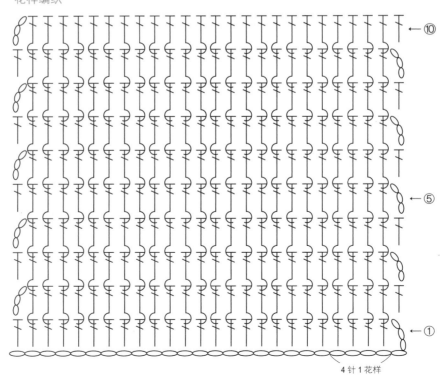

4 针 1 花样

棋盘状驼色膝盖毯

成品尺寸：80cmX80cm
规格：花样编织 16 针 X12 行（10cm²）
材料：super soft 驼色（12530）14 团
工具：7/0 号钩针

花样编织（7/0 号）

80cm
（103 行）

80cm（138 针）

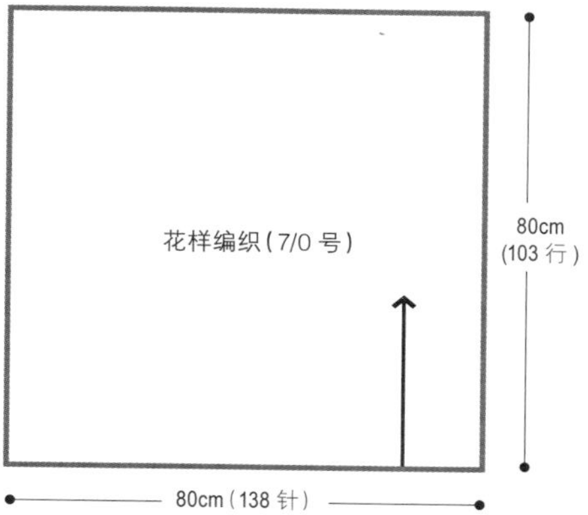

[*how to knit*]

1 用 7/0 号钩针和驼色线锁 138 针。

2 锁 3 针后钩长针，1 行。

3 锁 3 针后重复钩 8 针长针的正拉针
和 8 针长针的反拉针。

4 表面看起来成棋盘状花样。（以 8
针长针的正接针和 8 针长针的反拉
针钩 6 行 1 花样重复的图样）

花样编织

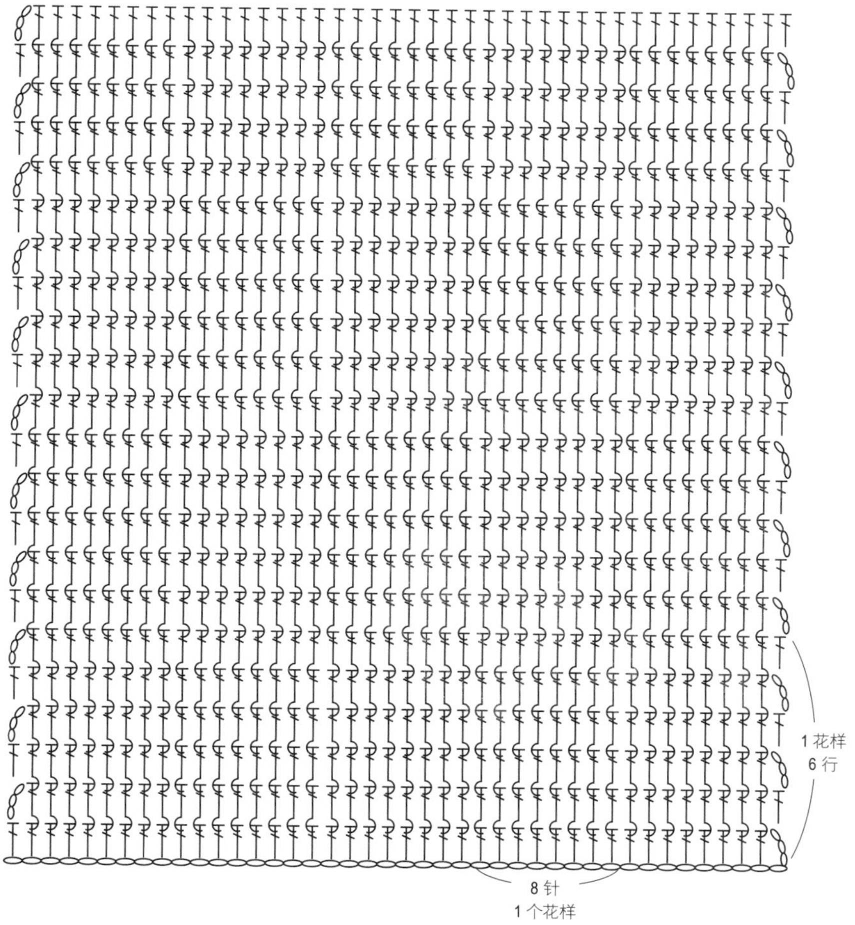

1 花样
6 行

8 针
1 个花样

成品尺寸: 胸围 100cm，肩宽 39cm，袖长 54cm
规格: 花样编织 12 针 X14 行（10cm²），
长针 12 针 X7 行（10cm²））
材料: California 酒红色（5908）17 团
工具: 8/0 号钩针, 缝针

酒红色女式开襟短上衣

[*how to knit*]

• 后片编织
1 用 8/0 号钩针锁 61 针。
2 花样编织（短针 1 行和短环针 1 行重复花样），无增减针，至 56 行。
3 参照后面的图案，抬肩处每段减 7 针，钩 26 行，领窝处提高 2 行。

• 前片编织
1 用 8/0 号钩针锁 32 针。
2 花样编织（短针 1 行 + 短环针 1 行重复花样），无增减针，至 56 行。
3 参照后面的图案，抬肩处减针，钩至 19 行，然后钩 9 行完成前领窝。

• 衣袖编织
1 用 8/0 号钩针锁 30 针。
2 两侧各增 6 针，钩 29 行长针。
3 参照后面的图案，钩 9 行完成袖山。

• 收尾
1 将前后身片内侧相对，用缝针从表面缝合肩部。
2 连接两侧身片的侧线和衣袖侧线。
3 将身片的抬肩和袖山相对，用 8/0 号钩针引拔连接。
4 用 8/0 号钩针分别在前颈处钩短针 19 针，后颈 26 针，前襟 71 针，下摆 125 针，朝一个方向钩 1 行。

身片编织

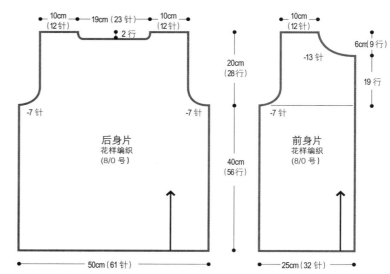

衣袖编织

收尾
（领口·前襟·下摆）

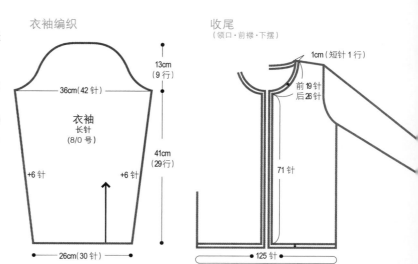

后身片编织

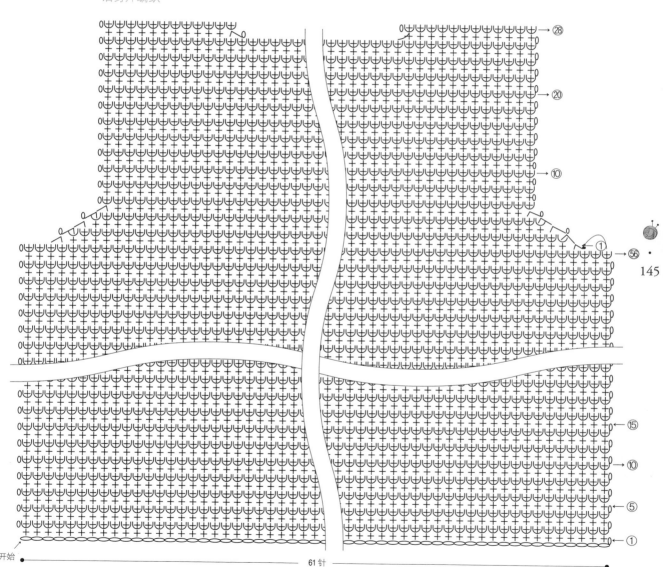

开始

61针

145

前身片编织（右侧）

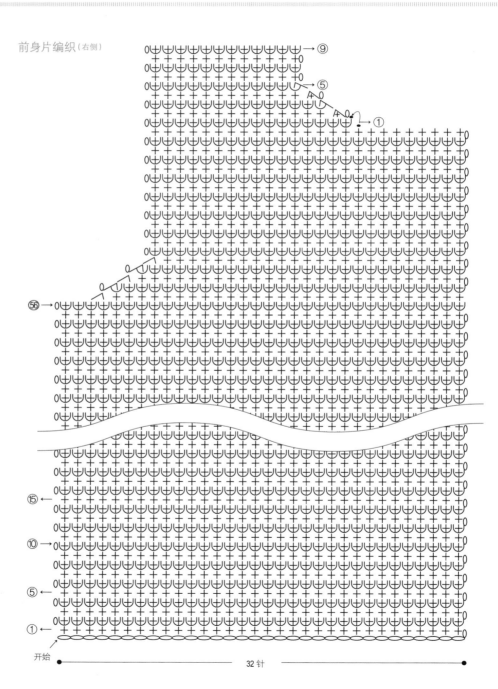

146

开始

32针

前身片编织(左侧)

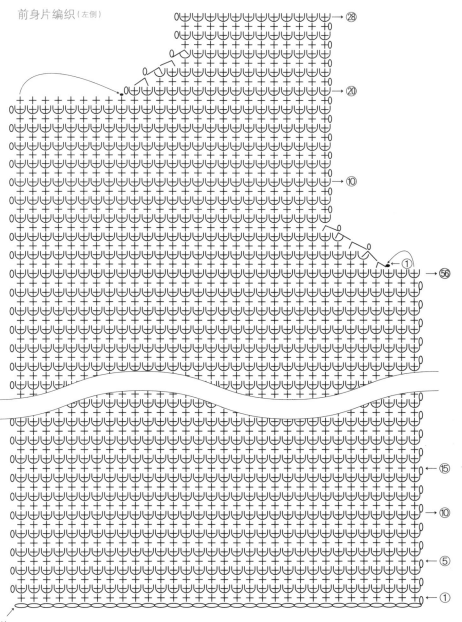

开始

32 针

衣袖编织

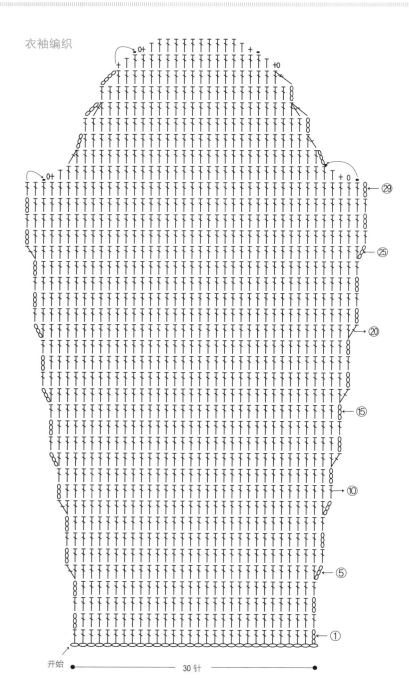

148

开始 ● ⟵―――――――― 30 针 ―――――――― ●

㉙ 25 20 ⑮ ⑩ ⑤ ①

[基本针法] A 短针编织法

1 立 1 针锁针。
2 将针插入第 1 针中，钩出线。
3 再钩住线，一次拉出 2 针。
4 完成图样。

[基本针法] B 短环针编织法

1 立 1 针。
2 将针插入第 1 针中，用左侧
　中指向下压住线。
3 钩住线，拉出后，再一次拉
　出 2 针。
4 重复 2~3 行图样。

内容提要

只需熟悉一个简单的花样，就可以自己动手变换出各种创意十足的钩针作品！

清凉的夏季用品——包包和帽子，温暖的冬季用品——围巾和针织衫，将空间装点得美丽绝伦的桌垫、盖毯，各种让人爱不释手的钩针小物……本书囊括了日常生活中最常用的物品，初学者只要熟悉了基础针法，就可以轻松完成。同时，针对常见的钩针编织初学者的各种疑问，书中也给予了详细解答。

春夏秋冬，日日享受钩针编织的快乐。

北京市版权局 著作权合同登记 图字：01-2013-1887 号

사계절 코바늘 손뜨개

Copyright © 2012 by KIM JEONG RAN

All rights reserved.

Simplified Chinese copyright © 2013 by China WaterPower Press

This Simplified Chinese edition was published by arrangement with KPI Publishing Group through Agency Liang

图书在版编目（ＣＩＰ）数据

四季钩针编织：从入门到精通 ／（韩）金贞兰著；
王晓译. -- 北京：中国水利水电出版社，2013.12（2017.10 重印）
ISBN 978-7-5170-1433-1

Ⅰ. ①四… Ⅱ. ①金… ②王… Ⅲ. ①钩针－绒线－
编织－图集 Ⅳ. ①TS935.521-64

中国版本图书馆CIP数据核字(2013)第277069号

策划编辑：余楷婷　　加工编辑：赵 萍 责任编辑：余楷婷　　封面设计：梁 燕

书　名	四季钩针编织：从入门到精通
作　者	【韩】金贞兰 著 王 晓 译
出版发行	中国水利水电出版社 （北京市海淀区玉渊潭南路 1 号 D 座 100038） 网址：www.waterpub.com.cn E-mail：mchannel@263.net（万水） sales@waterpub.com.cn 电话：（010）68367658（发行部）、82562819（万水）
经　售	北京科水图书销售中心（零售） 电话：（010）88383994、63202643、68545874 全国各地新华书店和相关出版物销售网点
排　版	北京万水电子信息有限公司
印　刷	联城印刷（北京）有限公司
规　格	188mm×235mm　16 开本　10 印张　80 千字
版　次	2013 年 12 月第 1 版　2017 年 10 月第 2 次印刷
印　数	5001—8000 册
定　价	38.00 元

凡购买我社图书，如有缺页、倒页、脱页的，本社发行部负责调换